애착 박사가 함께하는 임산부 코칭 40주

WOW! 임신했어요

애착박사와 함께하는 임산부 코칭 40주

Wow! 임신했어요

초판 1쇄 인쇄 | 2018년 10월 2일
초판 2쇄 발행 | 2020년 01월 10일

지은이 | 유중근
펴낸이 | 이진호

편집 | 권지연
디자인 | 꽃피는 청춘
마케팅 및 경영지원 | 이진호
펴낸곳 | 도서출판 샘솟는기쁨

주소 | 서울시 충무로 3가 59-9 예림빌딩 402호
전화 | 대표 (02)517-2045
편집부 070-8119-3896
팩스 | (02)517-5125(주문)
이메일 | atfeel@hanmail.net
홈페이지 | www.vivi2.net

출판등록 | 2006년 7월 8일
ISBN 979-11-89303-10-5(03590)

이 도서의 국립중앙도서관 출판예정도서목록(CIP)은
서지정보유통지원시스템 홈페이지(http://seoji.nl.go.kr)와
국가자료종합목록시스템(http://www.nl.go.kr/kolisnet)에서
이용하실 수 있습니다. (CIP제어번호 : CIP2018031053)

애착 박사가 함께하는 임산부 코칭 40주

WOW! 임신했어요

유중근 지음

샘솟는 기쁨

차 례

Part 4 교감

Part 5 심리 변화

Part 6 출산 코칭

| 추천사 |

태내기 애착은 아이의 미래

정동섭 | Ph.D., 철학박사, 가족관계연구소장, [사]유사종교피해방지범국민연대 이사장

우리나라는 세계 12위권의 경제대국으로 발전하였으나 국민행복도는 178개국 중 102위로 하위권이다. 이처럼 우리가 행복하지 않다는 것은 높은 실업률과 이혼율, 그리고 자살율로 나타난다. 뿐만 아니라 학원폭력과 범죄율이 높은 것도 IQ 중심의 지식교육만 치중하면서 예절, 효도, 배려와 공감, 책임, 존중 등을 가르치는 EQ 중심의 인성교육을 소홀히 한 데 원인이 있다고 할 것이다.

수많은 사회문제의 뿌리는 유년기 부모와의 애착 관계를 제대로 형성하지 못한 데 기인한다는 것이 연구결과이다. 마약, 게임중독, 왕따, 학교폭력, 우울증, 자살, 가출 등이 증가하는 것이 부모의 경제적 수준과 무관하며 유년기 안정적 애착의 결여에 있다는 것이다. 프로이드, 애들러, 에릭슨, 코헛 등 역대 심리학자들은 어린 시절의 경험이 일생의 행복과 불행을 좌우한다고 했다. 유아기의 안정애착이 무엇보다 중요하다는 점을 강조한 것은 존 볼비와 메리 에인스워스의 애착 이론이다

'사람과 사람을 연결하는 시간과 공간을 넘어선 깊고 지속적인 유대감'이 애착(attachment)이다. 양육자와 아이 사이의 애착은 아이의 안정, 안

전, 보호에 대한 욕구의 토대 위에서 이뤄진다. 어린 시절 부모와 양육자로부터 외면당하거나, 거부당하거나, 버림받은 상처를 전문가들은 '애착손상'(attachment injury)이라고 부르는데, 애착손상의 증상은 술, 담배, 중독, 폭력, 이혼, 불안, 우울증, 집중력 저하, 학습곤란은 물론 갖가지 성격장애로 나타난다.

이같은 사회적 문제를 예방하려면 부모들이 애착의 중요성을 인식하고 앞으로 태어날 아이들에게 안정애착을 강화해야 한다. 보육원과 유치원 시설을 확장하는 것이 근본적인 해결책이 아니고, "무상으로 아이를 돌봐줄테니 부모는 나가서 일하라"는 것도 올바른 정책 방향이 아니다. 출산율을 높이기에 앞서 올바른 육아교육이 절실하다.

육아교육은 임신기부터 유아기가 특히 중요하다. 부모는 아이(태아)에게 무엇을 어떻게 해야 합니까? 이 책은 이 중요한 질문에 사회과학적으로 검증된 아주 확실한 답을 제시하고 있다.

저자 유중근 박사는 세계적인 석학을 배출한 리버티대학교에서 <애착과 자살에 대한 연구>로 박사학위를 받은 애착심리학자이다. 추천자는 상담심리학자로서 그의 강의를 듣고 깊은 감동을 받아 우리나라의 모든 부모들이 공유해야 한다는 생각으로 그에게 학문적 성취를 집필해 줄 것을 부탁하였다.

이 책은 아이 교육의 방향과 질을 바꾸는 폭발적인 메시지를 담고 있다. 저자는 엄마가 임신 기간에 어떤 마음으로 어떻게 태아와 교감해야 하는지, 출산 후에는 구체적으로 아이와 어떻게 애착 관계를 형성해야 하는지 친절하게 안내한다.

엄마 자신의 행복은 물론, 아이의 행복지수를 높이는데 관심이 있는 모든 아버지와 어머니, 그밖에 정신건강 분야에 종사자인 상담자와 사회복지사, 가정사역자들에게 일독을 권한다.

| 추천사 |

임신 출산에 꼭 필요한 애착 가이드

윤방부 | 연세대 명예교수, 의학박사

무엇보다 먼저 유중근 박사의 『Wow! 임신했어요』 출간을 축하합니다. 나는 의사로서 50년의 세월을 진료에 보내는 동안 임신과 출산에 대한 전문가로서의 경험이 꽤 있습니다.

잉태한 태아를 자궁 속에서 키우는 동안 엄마와 태아는 하나님이 주신 관계를 갖게 됩니다. 또한 태아와 엄마 사이에 일어나는 친밀한 상호작용으로 둘 사이의 특별한 애정적 관계, 즉 모태애착은 무엇보다 귀중하고 중요합니다.

따라서 태아애착에 대한 심리적 분석과 코칭은 귀중하고 훌륭한 엄마가 되기 위한 필수적 요소라고 할 수 있습니다. 이 책을 통하여 아주 큰 해답을 얻을 것을 믿어 의심치 않습니다. 꼭 필독을 권합니다.

| 저자의 말 |

건강하고 순탄한 출산을 위하여

사회적으로 제기되는 저출산 문제로 신생아의 희소성은 부모에게 자녀에 대한 관심과 집중을 더 강하게 하여 소위 자녀에게 올인(all-in)하는 현상을 만들었습니다. 아울러 자녀를 양육하기에 열악한 사회구조는 자연스레 자녀와의 관계를 소원(疏遠)하게 하여 부모로서 안타까움을 느낍니다.

그러다보니 원하지 않게 갈등이 일어나고 미안한 마음에 경제적 풍족함으로 자녀의 빈 마음을 채워주려고 하지만 방향을 잃은 관심과 집중은 결국 자녀의 인성에 역기능 현상을 가져왔습니다.

이러한 문제들과 관련하여 심리학의 애착 이론은 현시대의 부모에게 양질의 자녀양육을 실천할 수 있는 적절한 적용점을 제시합니다. 특히 애착이론은 생후 3세까지에 초점을 맞추기 때문에 자녀가 어리면 어릴수록 그 적용은 더 강하게 영향을 미칩니다.

또한 현대 뇌과학은 자녀와의 관계가 영향을 미치는 시점이 출생 이후가 아니라 태내기부터 시작된다고 하기 때문에 임신 기간에 태아와 맺는 애착 관계는 출산 이후의 관계만큼이나 중요합니다.

이에 저자는 임신기에 태아와 관계하기 위해 필요한 조건들을 소개하여 임신 기간뿐만 아니라 출산 이후 자녀의 성장 과정에도 자연스럽게 양질의 관계가 이어지도록 돕는 것이 필요하다고 생각합니다.

또한 상담가로서 부모와 자녀간의 문제를 다루다보면, 아이에게 문제가 있기보다 부모와 자녀간의 잘못된 관계 패턴에 문제가 있다는 것을 발견하는데 결국 부모의 애착 유형과 자녀의 애착 유형 사이에서 벌어지는 갈등 관계라는 것을 알게 됩니다.

그런 의미에서 자녀 관계의 시발점인 임신기는 마치 옷을 입을 때의 첫 단추를 끼우는 것같이 중요하며, 그 여파는 관계가 지속하는 시간만큼 긴 시간 동안 영향을 미칩니다. 이 책이 임산부에게 필요한 태내기 애착 관계의 모든 것을 소개할 수 없지만 태아를 위해 엄마로서 생각할 중심 주제들은 심도 있게 다루었습니다.

이 책은 임산부를 주요 독자로 삼고 집필했으나 예비 산모, 임신/출산과 관련된 전문가, 애착에 관심이 있는 모든 분들에게 유용하리라 생각합니다. 이 책을 읽는 모든 임산부들에게 건강하고 순탄한 출산이 이루어지기를 소망합니다.

임산부가 행복하기를 소망하며, 한국애착연구소장 **유중근** 박사

| 활용법 가이드 |

이 책은 임산부가 알아야 할 상황이나 심리적인 주제들을 선정하여 임신기에 맞추어 설명하고 있습니다.

Part 1은 심리학의 애착에 대해 임산부의 상황에 맞춰 이해할 수 있도록 설명했으며 애착의 정의와 유형 그리고 부모의 애착 관계 패턴이 아이에게 전달되는 가능성을 소개합니다.

Part 2는 태아의 건강과 태내 환경을 위해 임산부가 초기부터 지켜야 할 규칙들을 제시했으며 태내기 환경이 어떻게 태아의 미래에 영향을 미치는지 태아프로그래밍과 후성유전 등의 과학적 설명과 함께 이해를 돕습니다.

Part 3은 애착 유형 중 임산부에게 가장 요구되는 안정형의 특징을 소개하여 임신 기간에 생각과 태도를 점검하고 필요하다면 수정하도록 방법을 제시합니다. 임신 기간뿐만 아니라 출산 이후 아이와의 올바른 애착 관계 형성을 위한 엄마의 마음을 다루었습니다.

Part 4는 임신 기간 태아와 어떻게 교감할 수 있는지 실천할 수 있는 방법을 제안하고, 아울러 교감할 때 나타나는 태아의 기억과 뇌 발달에 대해 설명합니다.

Part 5는 임신 기간에 겪는 다양한 임산부의 심리적 불안정 상태를 다룹니다. 임신기에 작용하는 호르몬의 역할을 소개하여 임신기에 자연스럽게 일어날 수 있는 감정 변화는 무엇이 있는지 설명하였고, 좀 더 자세하게 임신기 우울증, 분노, 불안감, 강박 증세 등을 어떻게 다룰 수 있는지 심리학적 실천사항을 소개합니다.

마지막 Part는 출산에 임박한 임산부들을 위한 내용으로 자연분만에서 작용하는 생리적인 현상들과 옥시토신의 역할이 안정애착과 어떻게 연결되는지 설명합니다. 또한 애착 유형별로 나타나는 분만 과정에서 서로 다른 심리적 특징을 제시하여 안정형의 산모가 다른 유형보다 안전하고 효율적인 분만이 가능하다는 것을 소개합니다. 이밖에 생후 1년 동안 아이의 발달을 미리 이해하여 출산을 효과적으로 준비하도록 돕습니다.

이 책은 임신기 태아의 환경과 임산부의 다양한 심리 변화를 다루고 있습니다. 태아와 양질의 관계를 형성하고 유지하도록 돕기 위해 임산부에게 꼭 필요한 주제들을 중심으로 구성하였습니다. 그러므로 단시간에 읽기보다 주제를 생각하면서 태아와의 관계를 위해 적용하는 시간을 갖기를 추천합니다.

한국애착연구소장 **유중근** 박사

애착

임신,
부부의 반응이 다르다

엄마가 된다는 것은 특별한 경험입니다. 임신 사실을 알게 되면 아내는 생명이 내 몸에서 자라고 있다는 사실이 신비하고 감격적이고 때로는 자랑스럽습니다.

그러나 남편은 다를 수 있습니다. 남편 역시 임신에 대해 기쁘고 감격하면서도 몸에서 생명이 자라는 신비함을 느낄 수 없기 때문에 실감하기는 어렵습니다. 그래서 남편은 가장(家長)으로서 책임감에 대해 먼저 반응할 수 있습니다.

임신한 아내는 아기를 잉태한 자신의 '몸'과 '태아'에 관심을 집중합니다. 내 몸이 아기를 낳을 만큼 건강한지, 영양분이 제대로 태아에게 전달될지, 뭔가 잘못 먹어서 태아에게 나쁜 영향을 주는 것은 아닌지 등 마음이 쓰입니다.

아내와 태아는 탯줄로 연결되어 있기 때문에 이 같은 관심과 집중은 자연스러운 일이지만 남편은 태아와 직접적인 연결을 이루는 관계가 아닙니다. 그래서 자신의 몸이 임신하기에 적당한 몸인지, 오늘 마신 술이 태아에게 나쁜 영향을 주는 것은 아닌지 걱정하지 않습니다.

남편은 태아와의 직접적인 연결보다는 환경이나 심리 같은 간접적인 연결을 이루고 있어서 어떻게 태아를 위해 환경적으로 안정감을 줄 수 있을지 또는 어떻게 경제적으로 지원할 수 있을지에 더 관심을 갖게 됩니다. 또한 자신이 속한 환경이나 조건이 어떠한 상황인지에 따라 임신에 대해 느끼는 감정이 달라집니다.

특히 맞벌이 부부의 경우 준비하지 않은 채 맞이한 임신 소식이라면 아내는 자신의 몸에 대한 염려뿐만 아니라 출산과 관련하여 일과 육아, 휴직 및 경제적 상황까지 고려하면서 다양한 감정이 교차하게 됩니다.

임신에 대한 부부의 이해가 서로 다르면 부부 갈등으로 이어지기도 합니다. 예를 들어 남편이 가정에 대한 책임이 무거워서 부적절한 말이나 태도 또는 표정을 보였다면 아내는 임신에 대해 좌절감과 심지어 죄책감을 느끼기도 합니다.

물론 아빠가 된 것에 대한 기쁨으로 가득 찬 남편들도 많습니다. 하지만 혹시 남편이 부적절한 임신에 대한 반응을 보였다면 아내의 임신 자체보다는 가장으로서 부담감 때문일 가능성이 더 높습니다. 또한 아내가 몸의 변화에 민감하고 태아에게만 집중하면 남편은 존재감이 없는 것 같아서 서운합니다. 이는 아내의 사랑이 식은 것이 아니라 사랑하는 남편의 새 생명을 최선을 다해 보호하고 돌보고자 하는 모성애의 반응입니다.

이처럼 임신에 대해 부부가 서로 다르게 반응할 수 있다는 사실을 기억해야 합니다. 비록 새로운 미래에 대한 긴장이 있을지라도 임신 소식은 큰 기쁨이며, 부부의 마음이 행복으로 채워질 때 건강한 임신 기간을 보낼 수 있습니다.

부부가 서로 사랑하며 소통하면서 임신과 출산을 준비하기 바랍니다. 혹시 배우자가 긴장되어 있더라도 추측하지 마세요. 대화를 통해 새 생명에 대한 감사와 기쁨을 함께 공유하세요. 서로의 마음을 나누며 소통할 때 속마음을 알 수 있으며 앞으로의 임신기간을 더욱 행복하게 보낼 수 있습니다.

입덧, 태아의 소통 신호

임신하면 월경이 중단되고 입덧을 시작합니다. 임산부에 따라 심하게 겪기도 하고 때로는 느끼지 않고 지나가는 경우도 있지만, 입덧은 태아가 엄마와 교감하는 첫 신호라는 점에서 의미 있는 현상입니다.

입덧뿐만 아니라 임산부는 다양한 몸의 변화를 경험하게 되는데 여기에 관여하는 것이 바로 임신기 호르몬들입니다. 모성애를 자극하는 호르몬이 분비되면 임산부는 태아를 보호하려는 마음이 생기는가 하면 태아에게 몸과 마음을 집중하게 됩니다. 엄마 될 준비가 시작된 것입니다.

태아 역시 다양한 신호를 보내면서 엄마에게 자기 의지를 표현하면서 존재를 알리고 소통을 시도합니다. 임신 초기의 입덧은 태아가 엄마와의 소통을 위해 보내는 첫 번째 신호입니다. 입덧은 냄새에 민감해지면서 일어나는 구역, 구토, 피로, 체중감소 등의 증상을 말합니다.

사실 입덧은 태아의 뇌를 보호하기 위한 수단으로 '사람융모생식샘자극호르몬'(human chorionic gonadotropin: HcG)이 증가하는 것과 관계가 있습니다.

이 호르몬은 수정 후 일주일이 지나면서 분비되는데, 혈액으로 관찰이 가능하며 임신 10주까지 계속 증가하다가 급격히 감소합니다. 임산부에 따라 입덧을 하지 않기도 하고, 극심한 경우(예: 임신과도구토증)도 있지만 입덧을 엄마가 태아와 갖는 교감으로 생각한다면 좀 더 편안한 마음으로 입덧 기간을 보낼 수 있습니다.

임산부는 입덧 외에 몸의 다양한 변화도 수용해야 합니다. 태아에게 혈액을 공급하기 위해 임산부의 심장은 더 확장됩니다. 평소보다 훨씬 많은 양의 혈액이 엄마 심장을 거쳐 태아에게 흘려 보내져야 하기에 더 강하게 박동합니다.

임신의 또 다른 변화는 태반이 만들어지는 것인데 태반은 출산할 때까지 혈액과 영양을 공급하여 태아가 건강하게 신체 기능을 하도록 돕는 역할을 합니다. 자궁에 붙어 있는 태반은 산소와 이산화탄소를 교환하는 폐 기능을 대신하며, 영양분과 혈액을 흡수하거나 배설 작용을 하면서 태아의 소화기관은 물론 신장 기능까지 대신합니다.

이와 같이 임신 초기의 다양한 변화들은 태아가 엄마와 관계하며 자궁에 잘 적응할 수 있도록 돕는 역할을 합니다.

네덜란드와 스페인의 대학 연구팀은 임신이 임산부의 두뇌 중 감정을 다루는 부분과 타인의 견해를 지각하는 부분의 크기와 구조를 바꾼다고 보고했습니다.[1] 이러한 임산부의 두뇌 변화는 출산 후 약 2년간 유지됩니다. 모성애를 증진시키고 태아가 보내는 신호에 반응하는데 관여하며, 엄마와 아기의 애착을 형성하는데 영향을 미칩니다.

그러므로 현재 임산부로서 크고 작은 육체적, 감정적 변화들을 느끼고 있다면 태아와의 소통으로 알고 긴장하기보다 여유를 갖는 것이 좋습니다.

정상적인 입덧 vs. 임신과다구토증

입덧은 임산부의 개인차가 심합니다. 입덧을 하지 않기도 하지만 극심한 경우도 있습니다. 입덧이 지나치게 심한 경우를 임신과다구토증(Hyperemesis Gravidarum)이라고 하는데, 임산부와 태아의 건강에 영향을 미치므로 적절한 의료적 조치가 필요합니다.

정상적인 입덧	임신과다구토증
• 약간 체중감소가 있다. • 메스꺼움이나 구토를 느끼지만 먹고 마시지 못할 정도로 영향을 주지는 않는다. • 구토는 드물게 일어나며 메스꺼움은 상황에 따라 나타나지만 극심하지 않다. • 구토로 인해 심각한 탈수현상이 일어나지 않는다. • 식이요법이나 생활의 변화가 입덧을 감소시키는데 대부분 도움을 준다. • 일반적으로 임신 3개월 이후 점차 호전된다. 하지만 나머지 임신기에 때때로 속이 불편할 수 있다. • 일을 하거나 가족을 돌보는데 어려움이 없다.	• 임신기 이전의 5% 이상 체중감소가 있다. • 메스꺼움이나 구토때문에 극히 적은 양의 음식을 섭취하며 구토의 경우 적절히 대처해 주지 않으면 탈수 증세가 있다. • 구토를 자주하며 대처하지 않을 경우 담즙이 나오거나 피가 나올 수 있다. 메스꺼움은 심하거나 매우 극심한 상태를 유지한다. • 정맥주사를 통해 수액을 공급받거나 의료적 조치를 통해 구토에 대한 처치가 요구된다. • 임신 중기로 접어들면 다소 메스꺼움이나 구토증세가 완화되지만 임신 후기까지 지속되기도 한다. • 구토나 메스꺼움으로 일하는 것이 거의 불가능하며 가족의 돌봄이 필요하다.

애착, 관계의 첫 단추

아이를 잉태한다는 것은 무에서 유를 창조하는 신비한 과정입니다. 이전에 전혀 생성되지 않았던 새로운 관계가 내 몸속에서 시작되는 것이 잉태입니다.

'나'라는 존재 역시 똑같은 신비한 과정을 통해 무에서 유로 존재하게 되었으며, 존재와 동시에 새로운 관계가 시작된 것입니다. 결국 잉태에서 나의 근원을 찾을 수 있습니다. 그리고 지금 내가 형성하는 모든 관계의 시작은 사실 잉태의 시점으로 소급될 수 있습니다.

그러므로 임신은 태아에게 관계의 첫 단추이며, 그 대상이 엄마입니다. 엄마는 임신이라는 특별한 경험을 통해 태아를 향한 관심과 돌봄을 제공하는 모성애를 갖습니다. 그리고 태아는 탯줄을 통해 엄마에게 붙어 있으려는 강한 생명력을 가집니다. 이러한 관계를 향한 강한 끌림을 '애착

(attachment)'이라고 합니다. 심리학에서 애착은 '출생 후 아기가 생존하기 위하여 엄마(주양육자)와 육체적으로 정서적으로 가까이 하려는 유착 경향성'을 의미합니다. 유착 경향성은 출생 이후는 물론 엄마와의 관계가 시작되는 임신 시점부터 적용됩니다.

그렇다면 출생 전이나 후나 미처 인지능력이 발달하지 않았는데 아기가 엄마에게 붙어 있으려는 본능적 애착 현상이 왜 중요할까요? 그 이유는 엄마와의 애착 관계를 통해 아기의 인지적 성향과 세계관이 만들어지기 때문입니다.

다시 말하면 애착 관계에서 아기는 자신을 바라보는 시각과 타인과 세계를 바라보는 시각을 형성합니다. 좀 더 자세히 말하면 아기가 엄마를 가까이 하려는 본능적 유착 경향성은 엄마의 돌봄 행동을 이끌어 내려는 강한 전달력을 가지는데, 이때 엄마가 어떻게 반응하느냐에 따라 아기는 앞으로 자신이 누구인지, 타인을 어떻게 이해해야 할지 결정하는 심리적인 태도와 그에 따른 두뇌 구조를 만들어 갑니다.

예를 들면 아기는 울음을 통해 엄마가 가까이 오도록 신호를 보냅니다. 아기의 울음은 엄마가 가까이 오도록 요구하는 의사소통 수단입니다. 그리고 엄마의 즉각적인 행동과 돌봄은 울음을 그치고 감정을 조절하는 능력을 기르게 합니다. 엄마는 우는 소리를 듣는 순간 마음속에서 아기를 돌보려는 감정과 생각 그리고 동기(모성애)가 작용하면서 적절한 행동을 취합니다.

"어, 배가 고픈가?"

"잠이 부족해서 그런가?"

"열은 없는데, 어디 아픈가?"

아기가 울면 이런 생각들과 함께 다양한 감정들이 일어나면서 아기에게 다가가는 것으로 울음소리에 응답합니다. 이때 엄마와 아기의 관계가 서로 민감하고, 사랑으로 반응할수록 아기는 '나는 사랑받는 아기'이고, '엄마는 믿을 수 있는 존재'라는 긍정적인 심리구조를 발달시킵니다. 하지만 엄마가 울음에 반응하지도 않고 돌보지 않을 경우 아기는 부정적인 심리구조가 발달하면서 자주 불안과 두려움의 심리 상태에 놓이게 됩니다.

출산한 엄마와는 달리 임산부는 태아의 울음소리 같은 신호를 감지하지 못합니다. 그러나 탯줄로 태아와 연결되어 있는 임산부는 임신기 내내 몸을 보호하고 행동을 절제하는 것으로 태아와 소통합니다.

또한 임신기는 태아가 '성장'하는 기간이면서 동시에 임산부는 엄마로서의 생리적 '변화'가 일어나는 시기이기 때문에 탯줄로 연결되었다는 의미는 성장과 변화를 위해 긴밀한 소통이 이루어지고 있다는 의미입니다.

생물학적으로 탯줄은 태아 세포에서 출발하며, 엄마와의 관계 형성을 위해 본능적이고 신비한 애착을 다루는 세포 조직입니다. 임산부와 태아 사이에 산소 및 영양분을 공급하는 탯줄은 호르몬이나 신경전달물질도 전달합니다.

특히 임산부와 태아 사이에 흐르는 호르몬이나 신경전달물질은 임산부의 감정 상태를 결정하기 때문에 태아의 정서에도 똑같이 영향을 미칩니다. 그러므로 엄마의 육체적 건강과 심리적 안정은 태아를 행복하게 하는 중요한 조건입니다.

아울러 10개월의 임신 기간은 아기가 출생 이후 평생의 삶의 질을 결정하는 중요한 기간이기 때문에 임산부의 건강과 친밀감 있는 애착은 태아가 행복하게 성장하고 발달하는데 핵심적인 역할을 합니다.

모든 관계는 변화를 일으킵니다. 서로 주고받는 영향이 변화를 가져오기도 합니다. 임산부는 태아와의 관계에서 모성애를 느끼며 한 아기의 엄마로 준비됩니다. 태아 역시 엄마와 관계하면서 영향을 받으며 자랍니다. 그렇기에 보고 배우는 관계는 아닐지라도 태아는 엄마로부터 직접적인 영향을 받습니다.

하지만 뱃속의 태아를 잘 돌보기 위해 지나치게 염려하는 것은 좋지 않습니다. 아기를 향한 관심과 열정이 오히려 스트레스로 작용하기 때문입니다. 그러므로 편안한 마음으로 엄마의 건강과 마음 환경을 돌보는 것이 좋습니다.

즐거운 마음으로 식사를 하고 편안하게 잠을 자는 것은 엄마의 건강을 위한 것이지만 동시에 태아가 건강하게 자라도록 돕습니다. 엄마가 즐겁고 행복감을 느끼는 것은 태아의 건강한 마음 환경을 위한 두뇌를 형성하도록 돕습니다. 그러므로 태아와의 좋은 관계는 임산부가 자신과 좋은 관계를 유지하는 것에서 출발합니다. 임산부가 좋으면 태내 환경이 좋아지고, 태내 환경이 좋으면 태아가 즐거워합니다.

애착의 네 가지 유형

'애착'이란 단어는 영국의 정신과 의사이자 심리학자 존 보울비(John Bowlby)에 의해 이론화되면서 세상에 알려졌습니다. 그러나 여성 심리학자 매리 애인즈워스(Mary Ainsworth)가 아니었더라면 '애착'은 지금처럼 관심 있는 주제가 되지 못했을 것입니다.

애착 이론이 매리 애인즈워스의 과학적 실험을 통해 발전되었고, 나의 애착 유형이 어떤지 알게 된 것은 그녀가 3가지 기본적인 애착 유형을 밝혀냈기에 가능했습니다(제자가 추가하여 현재 4가지 애착 유형).[2]

애착은 인간의 태도와 일상에서 일어나는 다양한 관계적 특징들을 포함합니다. 그래서 '애착'은 우리가 쉽게 알 수 있는 다양한 이름으로 표현될 수 있습니다. 애착 유형이란 이러한 이름들이 얼마나 개인에게 적용되는가에 따라 결정됩니다. 애착은 일상생활에서 긍정적으로 표현되기도 하지만 부정적으로 표현되기도 합니다.

예컨대 긍정적인 표현들은 친밀감, 안정감, 애정, 공감, 균형, 조절, 신뢰 등이며, 부정적인 표현들은 중독, 욕심, 불안, 집착, 회피, 의존, 의심 등입니다. 나의 행동과 태도는 어떤 단어군인지 그리고 인간관계에서 나의 행동을 이끄는 속마음은 어떤 단어군인지에 따라 나의 애착이 안정적인지 또는 불안정적인지 확인할 수 있습니다.

사람의 행동은 마음에서 시작됩니다. 그리고 애착 유형에 따라 행동이 다르게 나타납니다. 생각과 세계관은 어린 시절 무엇을 경험했는지에 따라 달라지는데, 위의 단어들 중 어떤 환경을 더 많이 경험했는가에 달려 있습니다. 그러므로 경험에서 배우고 구조화된 방식들이 행동에 영향을 주는 것입니다.

엄마와의 애착 시기인 임신기부터 생후 2년간의 경험은 뇌 발달에 결정적인 영향을 미칩니다. 뇌는 임신 4개월부터 생후 24개월에 이르면 이미 어른의 뇌의 76~82% 정도 발달하는 독특한 특징이 있습니다.

태아의 경우 임신 4개월부터 뇌세포를 집중적으로 만들어 내는데 1분당 약 50만 개 이상을 만듭니다. 출생 후의 삶을 위해 필요한 1,000억 개의 뇌세포를 임신 기간 동안 만들어 냅니다.

태내기는 뇌세포를 만들어 내는 기간일 뿐만 아니라 기본적인 뇌기능이 완성되는 기간이기도 합니다. 그래서 외부의 자극에 놀라기도 하고 피부로 느끼기도 합니다. 엄마의 스트레스에 태아가 충격을 받기도 하고, 태명을 불러주는 소리에 발을 차며 즐거워하기도 합니다.

그만큼 태내 환경과 엄마와의 애착이 태아의 뇌 발달에 절대적인 영향을 미친다는 것을 유추할 수 있습니다. 출생 후 1년은 아기의 뇌가 급격하게 발달합니다. 뇌의 발달은 경험에 달려있기 때문에 이 시기는 엄마와의 관계가 중요합니다.

이 시기에 엄마와 아기의 관계가 좋으면 아기는 자라면서 긍정적으로 자신 있게 세상을 탐험하고 건강한 인간관계를 만들어 갈 확률이 높지만, 아기의 애착 신호를 지속적으로 무시하면서 반응하지 않거나 엄마 자신이 감정에 몰입되어 아기를 변덕스럽게 대한다면, 성장하면서 자신과 세상에 대해 부정적이어서 인간관계가 원만하지 않거나 타인에게 의존적이어서 독립적이고 주도적인 선택을 두려워할 수 있습니다.

이같이 엄마와 태아/아기와의 상호관계에 따라 형성되는 개인 차이를 '애착 유형'이라고 부르는데, 크게 안정 유형과 불안정 유형으로 나눕니다. 아기의 경우 불안정 유형을 세분화하여 회피형, 양가(불안)형, 혼란형으로 분류하며, 어른의 경우 같은 불안정 유형이더라도 회피(거부)형, 집착(몰두)형, 두려움형으로 나눕니다. 애착 유형이 중요한 이유는 유형에 따라 태아/아기와의 관계에서 엄마가 보이는 태도와 감정이 다르기 때문입니다.

다시 말하면 태아/아기의 애착 유형은 엄마와의 관계가 영향을 미칩니다. 그러므로 임산부로서 자신의 애착 유형을 이해하는 것은 출생 후 아기와의 애착 관계를 형성하는데 도움을 줍니다. 어른의 유형별 특징은 다음과 같습니다.

애착 유형	특징
안정형	•대인관계가 원만하고 자신과 타인을 긍정적으로 봅니다. •혼자 있어도 외롭지 않으며 타인과의 친밀감 형성이 쉽습니다. •정서조절능력과 공감능력이 좋아 리더 역할을 잘 수행합니다. •대화가 일관적이며 객관적입니다.
불안정 회피(거부)형	•부모(주양육자)가 여러 이유로 무관심하게 양육하여 성장한 후에는 자기 자신을 스스로 보호해야 한다고 생각하며 독립적인 성향이 강합니다. •감정적으로 사람을 대하는 것이 어색하여 쉽게 어울리지 못합니다. •본인은 긍정적으로 보는 반면에 타인은 부정적 시각으로 봅니다. •혼자 있는 것에 어려움은 없지만 타인과의 관계에서 친밀감 형성이 어렵습니다. •감정이 메말라 보이고 자신 위주로 생각하는 이기적인 성향처럼 보입니다.
불안정 집착(몰두)형	•부모(주양육자)가 일관적이지 않은 태도를 가지고 양육한 경우로 대인관계가 의존적이며 감정적입니다. •감정에 집착하고 몰두하며 쉽게 긴장하고 감정에 압도당하는 경향이 강합니다. •자신은 부정적으로 보는 반면에 타인은 긍정적으로 보는 시각을 가지고 있습니다. •혼자 있는 것을 힘들어하며 타인에게 정서적인 친밀감을 요구합니다. •양가감정(애증)이 있어 타인을 신뢰하기 힘들지만, 눈치가 빠르고 이타적인 성향이 강합니다.
불안정 두려움형	•부모(주양육자)가 학대적인 태도로 양육한 경우로서 회피형과 집착형이 복합된 유형이며 자신과 타인 모두를 부정적으로 봅니다. •상처가 많아 인간관계 자체를 힘들어하며 상처를 쉽게 받고 수치심을 강하게 느낍니다. •속으로는 인간관계를 강하게 원하지만 상처받을까 두려워 쉽게 관계를 형성하지 못합니다. •혼자 있기도 힘들어하고 친밀감 형성도 어려우며 주로 우울하고 불안하여 전반적인 관계능력이 결여되어 있습니다. •충격적 사건이 트라우마로 작용하는 경우일 수도 있습니다.

임신 week 5

아빠와 태아는 어떻게 관계 맺나?

애착은 아빠보다 엄마와의 관계가 핵심적으로 작용합니다. 물론 누구든지 아기와 주양육자 관계로 형성되었다면 아기의 애착 대상일 수 있지만, 일반적으로 태내 환경에서 엄마에게 익숙한 태아이기에 출생 이후에도 엄마가 가장 좋은 애착 대상입니다.

비록 임신기에 엄마처럼 탯줄로 연결되지 않았더라도 아빠와 태아의 친밀한 관계 역시 출생 이후 안정된 애착 형성을 위해 중요합니다. 임신기에 아빠와 태아의 애착 관계도 엄마와의 관계만큼 아기의 애착 유형을 결정짓는데 중요한 요인입니다.

아빠와 태아의 애착 관계를 다룬 최근 연구에 따르면 태아에 대한 아빠의 애착 상태가 좋을수록 서로 심리적으로 밀착되어 있으며, 태아에 대한 균형 잡힌 생각과 긍정적인 이미지를 가지고 있는 것으로 나타났습니다.

또한 애착의 질이 높은 아빠일수록 애착 관계가 좋지 않은 아빠들보다 임신 기간 중 우울증이나 불안 증세들을 덜 경험하는 것으로 나타났습니다.[3] 다시 말해서 아빠가 태아를 사랑하고 태아 발달에 관심이 높을수록 태아를 긍정적으로 생각하고 출산을 기대한다는 사실입니다.

이러한 아빠의 모습은 출생 이후에도 아기와의 관계에서 유대감을 높일 확률이 높으므로 아기와의 관계에 매우 긍정적인 영향을 미칩니다. 또한 심리적으로 아빠가 건강한 마음을 유지할수록 임신 기간 동안 태아와 좋은 관계를 형성한다는 사실을 의미합니다.[4]

또 다른 연구에서는 아빠와 태아와의 애착 관계는 결혼생활 만족도와 연결되어 있다고 보고하고 있습니다. 남편의 경우 좋은 부부관계는 결혼생활의 만족감뿐만 아니라 태아와의 애착 형성에도 좋은 영향을 준다는 것을 말합니다. 반대로 부부간의 갈등이 많을수록 남편은 태아 관계를 소홀히 여길 수 있기 때문에 태아의 긴장도를 높일 수 있다는 것을 의미합니다.

그러므로 아내를 돌보고 사랑하는 친밀감 있는 남편의 행동은 태아에게 좋은 유대 관계를 형성하는 이중 효과를 거둘 수 있습니다. 아빠와 태아 사이에서 매체 역할을 하는 것이 아내이기 때문에 임신 중인 아내에게 스킨십으로 사랑을 표현하거나 태담을 통해 태아와 대화하는 남편의 행동은 아내의 몸을 통해 태아에게 아빠의 사랑을 전달하는 역할을 합니다.

그밖에 아빠와 태아와의 애착에 관한 연구 결과 중 흥미로운 사실은 엄마가 초음파 검사를 할 때 아빠가 태아를 직접 본 횟수가 다른 어떤 요인보다 애착 형성에 가장 크게 작용했다는 점입니다.[5] 임산부는 태아를 직접 몸으로 느끼지만 아빠는 태아를 경험하는 직접적인 통로가 초음파 검사 스크린이었던 것입니다.

스크린 속 태아의 움직임과 심장 소리를 듣는 등의 태아 경험은 아빠에게 태아에 대한 건강한 이미지와 긍정적인 감정을 강화하도록 만듭니다. 또한 초음파 체험이 반복될수록 성장하는 태아를 확인할 수 있기 때문에 보다 더 친밀한 태아관계가 가능합니다.

임신기는 출생 후 아기와의 관계를 예측할 수 있는 거울과 같습니다. 임신기의 태아관계를 보면 출생 이후 아기와의 관계를 예측할 수 있습니다. 아빠가 태아와의 애착을 잘 형성할수록 출생 이후의 관계에서도 좋은 관계를 유지할 수 있다는 의미입니다.

또한 임신기는 출생 후 아기와의 관계를 준비할 수 있는 기회이기도 합니다. 임신기에 태아를 경험하지 않은 아빠일수록 출생시 아기가 낯설게 느껴진다는 연구도 있습니다. 그러므로 아빠와 태아와의 관계는 임신기뿐만 아니라 출생 이후의 관계에도 영향을 미친다는 것을 알 수 있으며, 그런 의미에서 임신기는 보다 나은 관계를 위해 아빠가 태아와 다양한 실천을 시도할 수 있는 기회의 시간입니다.

엄마의 심리는 유전된다

부모세대를 닮는다는 것은 외모, 즉 육체적 특징에 한정되지 않습니다. 신경유전학(neurogenetics)에 따르면, 알코올 중독, 조현병(정신분열증), 양극성 장애(조울증) 같은 특정 심리장애는 심리적인 요소가 주요 특징이더라도 신체생리적인 특정 유전인자와 깊은 관련이 있다고 설명합니다.

그렇다고 모든 심리적 특징이 부모에 의한 유전자로 전달되는 것은 아닙니다. 유전자뿐만 아니라 환경적 요인도 강한 영향을 미치기 때문에 우리가 가지고 있는 심리적 특징은 유전자와 환경의 적절한 배합에 의해 나타난 결과입니다.

일란성 쌍둥이를 중심으로 영성(spirituality) 같은 심리적 특성을 다룬 최근 한 연구에서 영성이 형성되는 것은 유전자의 영향이 58%, 환경적 영향이 42%라고 합니다.[6] 또한 비행이나 공격성 같은 범죄행동심리의 경우 유전자 요인이 52%, 환경적 요인이 48%라고 합니다.[7] 주목할 것은 삶의 의미(meaning in life)나 낙천적인 심리 특성(optimism) 같은 삶의 태도는 환경적 요인으로 자녀에게 전달될 확률이 무려 70~80%를 차지하고 있었다는 점입니다.[8]

결국 임산부와 배우자의 다양한 심리적 특성은 유전되며 출산 이후 아기와의 관계에 따른 환경적 요인이 작용한다는 것을 알 수 있습니다.

유전에 의해 영향을 받는 부모의 성격이나 태도, 또는 정서적인 면들은 분명히 좋은 점과 나쁜 점이 공존합니다. 하지만 같은 뱃속에서 낳은 아이일지라도 아이마다 부모를 느끼는 방식이 제각기입니다. 어떤 아이는 "나는 부모같이 되고 싶어"라고 하지만 어떤 아이는 "나는 부모같이 되지 않을 거야"라고 합니다. 그러나 부모같이 되지 않겠다고 했던 아이가 자신이 생각했던 부모의 단점을 그대로 답습한 사례를 흔히 볼 수 있습니다.

물론 우리의 심리적 특성 중 일부는 분명히 유전인자의 영향을 받습니다. 설령 그렇지 않더라도 부모의 태도와 감정을 경험하면서 부모를 모방하게 되고, 때로는 무의식적으로 강요받으면서 닮게 됩니다. 결국 부모의 심리 특성은 생리적으로도 유전되지만 심리적인 유전도 작용합니다.

그렇다면 애착 유형은 어떨까요? 부모의 유형이 아이에게 전달될까요? 나의 현재 애착 유형이 태아가 형성할 유형과 일치할까요? 애착에 대한 많은 사람들의 관심은 애착의 '세대간 전이' 즉 애착 유형이 한 세대에서 다음 세대로의 전달이 가능한지에 대해 질문하기에 이르렀습니다.

현재 이루어진 애착의 세대간 전이 연구는 비록 그 결과가 유전의 영향이라고 확증할 수는 없지만 부모의 애착 유형이 자녀에게 세대간 전이가 실제적으로 가능하다는 흥미로운 사실을 밝혀내었습니다.

세대간 전이에 대한 한 연구에서는 할머니와 딸 그리고 손자, 손녀에 이르는 3대의 애착 유형을 조사한 후 비교한 결과 세대간 전이로 인해 3대의 유형이 일치한 확률이 애착의 3가지 범주(안정형, 회피형, 양가형)로 나누었을 때 무려 90%에 이르렀습니다. 4가지 범주(혼란형 포함)로 나누면 77%에 해당했다는 결과를 제시했습니다.[9]

엄마의 애착 유형은 태아가 출생 후 형성할 애착 유형과 일치할 확률이 매우 높다는 것을 의미합니다. 그만큼 엄마 자신의 심리 상태는 출생 후 아이의 삶에 미칠 영향이 크다는 사실을 반증합니다.

또 다른 연구에서는 부모의 애착 유형으로 아이의 유형이 안정형인지 불안정형인지 예측할 수 있는 확률도 75%의 정확도로 일치했습니다. 아직 태어나지 않은 태아를 중심으로 그들이 출생 이후 어떤 애착 유형을 형성할 것인가를 예측할 수 있는 확률이 무려 75%에 이른다는 결과입니다.[10] 결국 태아는 임신기에 엄마로부터 받는 유전적인 영향뿐만 아니라 출생 이후 엄마의 애착 유형에 따른 양육방식으로 애착 유형을 답습하게 된다는 것입니다.

임신 week 7

애착 형성하기

'태아애착'은 태아와 임산부 사이의 친밀한 상호작용으로 특히 임산부가 태아에게 가지는 애정을 말합니다.

태아애착이 잘 이루어지려면 먼저 임산부가 자신과 태아를 잘 구분할 수 있어야 합니다. 임산부의 가장 큰 특징은 자신과 태아가 한 몸에 있다는 것으로 자기 자신과 태아를 어떻게 구분하여 인식하고 있는지는 태아애착 형성에서 매우 중요합니다.

임산부는 태동에서 태아 상태나 의도를 알아차리고, 태아를 엄마와는 다른 독립적인 인격체로 민감하게 인식해야 합니다. 태동을 느끼면서 태아가 잘 놀고 있는지, 깜짝 놀랐는지, 장난을 치는지 등 태아의 의도에 대한 관심을 보여야 태아를 인격적으로 경험하고, 건강한 태아애착이 형성될 수 있습니다.

반면에 태아의 존재나 태아가 보내는 신호를 무시하고, 태아에게 좋지 않은 환경에 임산부 자신을 노출시킨다거나 지나치게 태아만 집중하여 자신은 물론 남편까지 돌보지 못하고 방치한다면 올바른 태아애착 형성이 어렵습니다.

친밀감 있는 태아애착을 하려면 임산부의 정서 조절이 필요합니다. 애착의 핵심은 어떻게 정서를 다루느냐에 달려 있습니다. 마음이 안정된 사람일수록 감정을 잘 조절하고, 불안정한 사람일수록 감정이 폭발적이거나 지나치게 억눌러서 마치 감정이 없는 사람처럼 행동합니다.

그러므로 임산부가 여유 있고 안정감을 유지하려고 정서를 조절할 때 태아를 잘 돌볼 수 있을 뿐만 아니라 안정적인 애착을 형성합니다. 그러나 임산부의 정서 조절이나 마음의 안정은 임산부 혼자의 몫이 아닙니다. 자신의 노력도 필요하지만 다음과 같은 다양한 환경적인 뒷받침이 필요합니다.

- 육체적인 건강
- 다양한 지지 자원
- 가족, 친구, 지역공동체 등
- 결혼생활 및 배우자와의 관계
- 안정애착 유형

임산부의 건강은 임신기 삶의 질을 결정하는 척도입니다. 임산부가 질병에 걸려 있거나 만성피로로 힘들어한다면 임신에 대한 회의와 불안이 가중되어 감정의 기복이 심하거나 양가감정이 자리잡을 수 있습니다.

그러므로 임산부 자신의 건강관리가 중요합니다. 아울러 산모의 건강에 대한 가족들의 관심과 돌봄은 태아를 향한 임산부의 마음에 안정감을 줍니다.

임산부의 안정감은 축하하고 지지하는 경험을 통해 느끼게 됩니다. 친구, 가족, 교회나 성당, 사찰 같은 종교 공동체, 임산부를 위한 지역 공동체 모임 등의 지지가 다양할수록 임산부는 임신에 대한 만족감을 더하여 태아에게 긍정적인 영향을 줄 것입니다.

특히 부부관계는 다른 관계에 비해 임산부의 안정감을 제공하는 핵심적인 관계입니다. '부부간의 대화 기술'을 중심으로 한 임신기 연구에 따르면, 부부간의 대화의 질이 좋을수록 결혼의 만족도를 높이고, 임산부의 불안 심리를 감소시킨다고 합니다.[11]

하지만 임산부의 안정감은 외적인 환경만 의존하지 않습니다. 임산부 자신의 심리적인 환경 역시 안정감을 느끼는데 작용합니다. 아무리 외적인 환경이 좋더라도 우울증이나 불안 장애 같은 심리 장애를 가지고 있거나 성격 형성이 부정적 정서에 취약하여 쉽게 화를 내거나 우울하고, 상처를 쉽게 받는 임산부의 경우 감정 조절에 실패해서 안정감을 느끼기 어렵습니다. 비록 임산부의 외적인 환경이 부족하더라도 심리적 환경이 긍정적이고 관계 지향적이라면 안정감 있게 태아와의 애착을 형성할 수 있습니다.

애착 박사가 함께하는 Q & A

Q. 쌍둥이 임신이 궁금해요.

A. 임신 초기에 초음파 검사를 통해 쌍둥이 진단을 받을 수 있습니다. 설문조사에 따르면 한국 임산부들의 10명 중 6명은 쌍둥이를 원한다고 합니다. 그만큼 임신에서 쌍둥이의 관심은 높습니다. 하지만 막상 쌍둥이 임신을 확인하면 기쁨과 충격을 경험하며 둘을 동시에 키워야하는 걱정이 앞섭니다.

쌍둥이는 가족력의 영향을 받습니다. 크게 일란성 쌍둥이와 이란성 쌍둥이로 나뉘는데 일란성 쌍둥이는 수정란이 분열되는 난할 과정에서 만들어지는 반면에, 이란성 쌍둥이는 두 개의 난자가 두 개의 정자와 각각 수정되고 착상되면서 형성됩니다. 쌍둥이 임신을 확인할 수 있는 가장 확실한 방법은 초음파 검사를 통해서 알 수 있지만 다음과 같은 증세들은 쌍둥이 임산부들이 생각해 볼 수 있는 증세들입니다.

♥ 단태아 임신에 비해 입덧이 더 심합니다.

♥ 몸무게가 급격히 증가합니다.

♥ 배가 예정일보다 많이 나옵니다.

임산부의 상태에 따라 차이는 있지만 태아가 자랄수록 몸무게 증가도 클 뿐만 아니라 영양분 섭취도 더 필요하므로 쌍둥이 임산부는 신체관리에 더욱 신경 써야 합니다. 임신 중 태아를 위해 추가로 필요한 칼로리로 약 300Kcal를 권장합니다.

쌍둥이의 경우 이보다 많은 500~600Kcal를 필요로 합니다. 그렇다고 지나치게 과식하면 안 됩니다. 특히 체중이 너무 많이 늘지 않도록 주의해야 합니다.

태아의 발달을 돕는데 필요한 영양소는 단백질, 철분, 칼슘입니다. 지방질이 없는 살코기는 단백질과 철분을 동시에 해결할 수 있는 좋은 공급원입니다. 식물성으로는 콩과 두부가 단백질과 철분을 제공합니다.

철분의 경우 피를 만드는데 필수적인 요소이므로 충분한 공급이 필요합니다. 하지만 음식으로는 부족하여서 철분제를 섭취하는 것이 좋습니다. 칼슘의 경우 태아의 뼈와 치아의 형성에 꼭 필요한 요소이며 우유나 치즈와 같은 유제품을 섭취하여 공급할 수 있습니다.

쌍둥이 및 다태아는 예정보다 일찍 태어날 확률이 높습니다. 쌍둥이의 경우 보통 37주를 만삭으로 인정합니다. 대부분 32주~37주에 태어나지만 40주까지 채우는 경우도 있습니다. 이와 같이 쌍둥이는 단태아보다 분만예정일이 빠르므로 출산용품을 좀 더 빨리 준비하는 것이 바람직합니다.

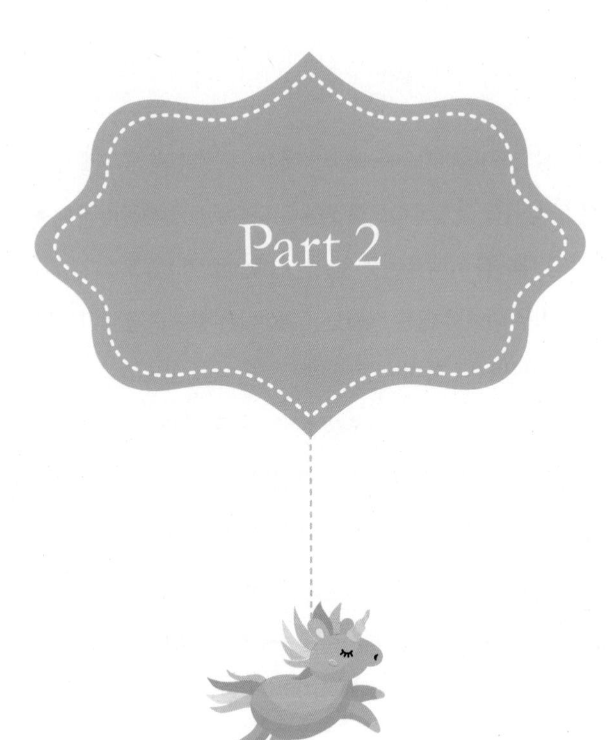

태아 환경

진정한 태교

태내기가 중요한 이유는 무엇일까? 세계 최초의 태교 책 『태교신기』에 따르면 임신기 임산부의 환경이 어떠한가에 따라 출생 이후 삶에 영향을 받는다고 되어 있습니다. 다시 말해 태내기는 가변적인 기간이면서 어떤 환경이냐에 따라 태아의 생리적인 면은 물론 심리적인 특징들이 결정되어 출생 이후의 삶과 성품에 영향을 미친다는 말입니다.

비록 과학이 태내기에 대해 관심을 두기 훨씬 전인 조선시대에 기록되었지만 문장가 사주당 이씨가 쓴 『태교신기』의 주장은 현대 의학과 유전학에 의해 증명되고 있어서 더욱 놀랍습니다.

그렇다면 올바른 태교는 어떤 의미일까요? 태교는 태아 교육인지, 임산부 교육인지 궁금할 것입니다. 사실 태교는 다양한 각도에서 생각할 수 있어서 어떻게 접근하느냐에 따라 강조점이 달라집니다. 유념할 것은 태내기 태아에 대한 사랑을 태아에게 어떻게 표현하느냐는 것입니다. 『태교신기』의 고전적인 이해를 살펴보면, 태교가 태아의 직접적인 교육을 다룬다기보다 임산부와 배우자가 가져야 할 태도와 성품이 간접적으로 태아를 교육한다는 것을 알 수 있습니다.

오늘날 태아를 위한 태교 방식(태담태교, 미술태교, 향기태교, 영어태교, 수학태교 등)은 대부분 임산부나 가족들의 성품과 태도 변화에 중점을 두기보다 태아의 성장과 발달에 대한 정보들을 활용한 태아 중심적 교육이라는 것을 알 수 있습니다.

하지만 이러한 태교는 고전적 의미의 태교와는 거리가 멀다고 할 것입니다. 고전적 의미의 태교는 출생 이후 안정된 조건을 태아가 형성하도록 돕기 위해 임산부와 가족들의 변화를 촉구합니다. 그리고 태아의 건강한 몸과 마음을 위한 태내의 환경 변화를 강조하고 있습니다.

이러한 고전적 의미의 태교 접근은 현대 애착 이론의 태아 또는 아기 돌봄의 접근방식과 일맥상통합니다.

이 책 Part 3의 '엄마의 마음 준비'는 엄마가 몸과 마음을 건강하게 하는 것이 바람직한 태교임을 설명합니다. 임산부의 안정감 있는 행동과 정서는 출산 이후 아기를 돌보는 과정에 그대로 적용되며, 그것은 곧 아기의 안정애착 형성에 직접적인 영향을 미칩니다.

현대 뇌과학은 자궁에서 일어나는 태아와 엄마의 상호작용에서 엄마가 무엇을 먹고 어떤 감정과 생각을 주로 가지냐에 따라 태아의 뇌가 서로 다르게 발달한다는 것을 증명하고 있으며, 고전적 의미의 태교와도 같다는 것을 알 수 있습니다.

태아를 위한 절제: 금주

태아에게 알코올이 좋지 않은 영향을 준다는 것은 이미 상식입니다. 그런데 2014년에 발간된 세계보건기구 통계자료에 따르면, 15세 이상 한국인의 술 소비량은 12.3리터로 191개국(한국 17위) 평균 소비량의 2배에 달합니다.

1973년 미국 케네스 L. 존스와 그의 연구팀이 임산부가 섭취한 알코올이 태아의 뇌 발달을 저해하고, 인지능력에 심각한 장애를 유발할 수 있다고 의학저널에 증명하면서부터 알코올이 태아에게 영향을 준다는 것을 인식했습니다.

그들은 태내 환경에서 나타나는 알코올의 영향력을 '태아알코올증후군'이라고 발표했는데, 이미 중세 시대의 영국 문학에서도 그 이름을 찾아볼 수 있었습니다. 심지어 기원전 페니키아인들의 결혼 풍습에서도 알코올이 태아에게 좋지 않은 영향을 준다고 기록하고 있습니다.

태아알코올증후군은 알코올에 노출된 태아에게 신체적, 정신적 이상 징우가 나타나는 현상으로 임신 초기 3개월이 가장 위험하다고 알려졌지만 사실 임신기 어느 단계가 가장 위험하고, 어느 정도 알코올이 해를 끼치는지는 정확히 밝혀지지 않았습니다.

분명한 것은 알코올이 태아의 뇌와 신경계 발달에 영향을 준다는 사실입니다. 임신 이후 태아의 뇌는 지속적으로 발달하고 있으므로 임신 기간 중에는 알코올에 주의할 필요가 있습니다.

알코올이 태아의 뇌 발달 과정에 미치는 영향은 태아의 뇌세포가 유전자의 프로그램에 설정된 선로를 따라 각자 자기의 위치로 이동하는 과정에서 방해를 받을 수 있다는 것입니다. 즉 알코올에 노출된 신경세포들은 본래 유도되는 위치가 아닌 다른 위치에 배열되어 정상적인 두뇌기능을 방해할 수 있습니다. 마치 술 취한 사람이 자기 집이 아닌 다른 집을 자기 집으로 착각하는 것같이 신경세포들이 방향을 잃고 다른 곳에 정착하여 문제를 일으킵니다.

결과적으로 지적 장애를 일으키기도 하고, 설령 알코올 섭취 정도가 심각하지 않아 정신지체로 발전하지 않더라도 훗날 학습부진이나 행동장애 등의 원인이 되기도 합니다. 태아알코올증후군의 대표적인 특징들은 다음과 같습니다.

♥ 소뇌증 태아 뇌의 평균 부피보다 작게 태어납니다.

♥ 정신지체 지적능력 장애로 판단과 사고능력이 뒤떨어집니다.

♥ 저체중 알코올 영향으로 신진대사가 이루어지지 않으며 영양공급

에 방해를 받습니다.

♥ **얼굴 기형** 눈매나 미간이 지나치게 좁거나 귓불이 기형입니다.

또한 알코올에 노출된 태아의 신경계는 출생 후 성장 과정에서 우울증이나 공황장애를 경험할 가능성을 높인다는 연구 결과도 있습니다.[12] 임산부가 섭취한 알코올이 스트레스에 반응하는 뇌의 시스템을 스트레스에 취약하도록 변형하여 출생 이후에도 쉽게 스트레스를 받도록 바꾸어 놓을 수 있다는 점에서 설득력이 있습니다.

이같이 스트레스에 반응하는 뇌의 시스템이 변형되어 활성화될 경우 자극에 민감해지며 감정에 쉽게 노출되면서 불안과 부정적인 생각에 압도되어 객관적인 판단과 사고력이 저하됩니다. 결국 자주 불안 감정을 느끼고 우울한 검정이 반복되면서 우울증이나 불안장애로 인해 삶의 질이 떨어집니다.

현재 국내 연구에서 발표된 임산부의 음주율은 약 16.4%이며 폭음율은 1.7%에 달합니다. 또한 태아알코올증후군을 적극적으로 조사한 결과 1000 명당 약 2.7명~25명에 이르는 유병율을 확인했습니다.

그러므로 음주 문화에 노출된 우리 사회에서 임산부의 알코올 섭취 기회가 높은 것이 현실이지만 태내 환경과 태아의 뇌 발달을 위해 '금주'는 임산부가 반드시 지켜야 할 규칙입니다.

임신 week 10

태아를 위한 절제: 금연

가정환경에서 임산부를 위해 유의할 사항은 바로 흡연입니다. 흡연이 인체에 미치는 악영향은 폐질환만이 아닙니다. 혈관질환이나 피부 상태 등 광범위하고 다양하게 건강을 해칠 만한 질병의 원인입니다.

그러므로 임산부의 흡연은 물론 배우자나 가족구성원 역시 흡연에 유의해야 합니다. 각별히 임산부에게 미치는 흡연 환경은 태아에게 더 치명적으로 작용하기에 가족들 모두 금연 인식이 필요합니다.

만약 임산부가 흡연할 경우 태아에게 미치는 잠재적 위해성은 심각합니다. 담배 연기에는 무려 4,000여 가지의 유해물질이 포함되어 있습니다.

먼저 흡연이 태아를 위협하는 가장 빈번한 현상은 '출산 중 또는 출산 직후 영아 사망'입니다. 출생한 이후일지라도 흡연은 '영아돌연사증후군'의 위험률을 두 배로 높이는 효과가 있습니다. 특히 영아돌연사증후군의 경우 임신 기간 임산부의 흡연만이 아니라 출생 이후라도 가족들의 담배 연기에 노출되었다면 아기에게 미치는 위험률은 마찬가지입니다.[13] 임산부의 흡연이 태아의 사망률을 높이는 한편 자궁외 임신, 유산 및 조산률도 증가시킵니다. 연구에 따르면 흡연 임산부의 자궁외 임신이나 유산의 가능성은 그렇지 않은 임산부보다 무려 4배 정도 높으며, 하루에 20개피 이상 담배를 피운다면 그 위험률은 6배로 증가합니다.

흡연은 태아의 정상적인 신체발달에 영향을 주어 저체중으로 태어날 확률을 높입니다. 흡연이 태아의 저체중 가능성을 높이는 경로는 다음과 같습니다.

임산부의 흡연 → 일산화탄소 유입 → 태내 산소량 및 혈액 유입량 감소 → 영양분 공급 저하 및 스트레스 반응 증가 → 태아 저체중 발달

태아를 위한 금연의 규칙은 임산부만 적용되는 것이 아닙니다. 배우자, 임산부와 관계된 모든 사람에게 적용됩니다. 물론 직접흡연이 간접흡연보다 더 해롭지만 거의 동일한 결과를 가져오기 때문입니다.

담배 연기는 주류연(흡연자가 담배 연기를 흡입한 후 내뿜는 연기)과 부류연(담배가 자연 연소하면서 발생하는 연기)으로 구분하는데, 간접흡연으로 임산부가 영향을 받는 연기는 부류연이며 전체 연기의 80%에 해당합니다.

부류연은 담배의 필터를 통과하지 않은 채 공기 중으로 발산되어 주류연보다 훨씬 강한 농도(2.5배~30배)의 발암성 유해가스와 분진으로 임산부에게 영향을 미칩니다. 지금까지 밝혀진 간접흡연 연구 결과는 임산부의

직접흡연과 흡사합니다. 간접흡연으로도 태아의 저체중 현상이나 영아돌연사증후군 같은 위험에 동일하게 노출된다고 보고합니다.

일반적으로 임산부의 직접흡연에 노출된 태아가 출산된 경우 비흡연 임산부가 출산한 태아에 비해 약 150g~250g 정도의 저체중 현상이 나타나며, 간접흡연에 노출된 임산부가 태아를 출산할 경우 비흡연 임산부가 출산한 태아에 비해 평균 약 118g 정도의 저체중 현상이 발생합니다.[14] 비록 체중의 차이가 크지 않은 것처럼 보일지라도 저체중 태아의 경우 유병률과 사망률이 높다는 것을 생각한다면 저체중 현상이 단순히 신체발달의 저해현상에 그치는 것이 아니라는 것을 알 수 있습니다.

또한 태아가 출생하고 그들이 청소년이 되기까지 무려 18년간 추적 조사한 '장기간 연구(a longitudinal study)'에서는 임신 중 엄마의 흡연에 노출된 태아가 출생 후 청소년기에 이르렀을 때 품행 장애, 알코올 남용, 우울증 같은 정신과적 질환에 노출될 확률이 흡연에 노출되지 않은 그룹보다 훨씬 높다고 말합니다.[15] 이와 같이 흡연이 태아에게 미치는 영향은 다양하고 장기적입니다. 담배가 기호식품으로 분류되지만 중독성이 있고 영양소보다는 각종 독성물질을 포함하고 있습니다. 즉 태아에게는 치명적입니다. 그러므로 금연은 임산부뿐만 아니라 가족구성원이 태아의 안전을 위해 지켜야 할 규칙입니다.

스트레스 다스리기

『태교신기』는 임산부에게 분노를 느끼게 해서도 안 되고, 두려워하게 해서도 안 되며, 서럽게 해서도 안 되기에 온 가족이 조심해야 한다고 기록합니다. 특히 임산부가 두려움에 노출될 경우 출산 후 아기의 정신이 병든다는 말이 놀랍습니다.

예로부터 임산부의 스트레스와 그에 따른 감정은 태아에게 전달되어 영향을 미친다는 것을 알고 있었다는 사실입니다. 임신기에 임산부가 감정 다스리기에 실패할 경우 스트레스에 반응하는 일련의 신경체계(HPA축: 시상하부-뇌하수체-부신 축이라고 함)가 과도하게 활성화되는데 이때 태아 역시 감정에 취약한 뇌구조로 발달할 수 있습니다.

스트레스를 받으면 자연스럽게 심장 박동이 빨라지면서 혈압이 오릅니다. 산소가 많이 소모되어 호흡이 증가되고 체온이 상승하여 땀 분비가 일어납니다. 이러한 육체적인 현상과 더불어 스트레스는 불안, 긴장, 분노 같은 예민한 감정 상태를 만들고, 이 과정에서 코르티솔(Cortisol)과 아드레날린(Adrenaline) 같은 호르몬이 분비됩니다.

코르티솔은 스트레스 상황에서 분비되는 호르몬이라고 해서 흔히 '스트레스 호르몬'이라고도 불립니다. 신체에서 분비되는 코르티솔의 양은 정상적일 경우 기상 후 아침 8시에 분비량이 가장 높다가 서서히 낮아져서 취침 이후 자정에서 새벽 2시 사이가 가장 낮습니다. 기상과 함께 하루를 맞이하면서 우리 몸은 코르티솔을 증가시켜 스트레스에 대비하여 정상적인 생리 기능을 유지하도록 돕는다는 것을 알 수 있습니다.

하지만 만성 스트레스에 시달릴 경우 이야기는 달라집니다. 코르티솔의 양이 지속적으로 증가하게 되어 뼈가 약해지기도 하고 근육이 줄고 과식을 유발하여 지방이 증가하기도 합니다. 그런가 하면 신경쇠약을 일으키는데 우울증이나 불안장애에 시달리는 사람의 코르티솔 양을 측정하면 하루 종일 거의 비슷하게 분비되어 뇌의 스트레스 시스템이 늘 켜져 있다는 것을 확인할 수 있습니다.

만약 임산부가 우울증, 불안장애로 시달리거나 만성적 스트레스로 코르티솔 수치가 증가할 경우 태아의 코르티솔의 수치 역시 올라갑니다. 문제는 출생 후에도 높아진 코르티솔 수치를 유지한다는 데 있습니다. 다시 말하면 임산부가 만성 스트레스로 감정 조절에 실패하면 태아 역시 감정 조절에 취약한 상태가 됩니다. 임산부가 스트레스를 받을 때 태아가 영향을 받는 경로는 다음과 같습니다.

임산부의 스트레스 → 코르티솔 증가(산모) → 혈관 수축 → 태내 산소량 및 혈액 유입량 감소 → 영양분 공급 저하 및 스트레스 반응 증가 → 코르티솔 증가(태아) → 감정(스트레스)에 취약한 태뇌 시스템 형성

임산부 스트레스의 또 다른 태내 영향은 여아의 뇌는 남성화되는 반면 남아의 뇌는 여성화(남성다움의 감소)된다는 점입니다. 성 정체성에 영향을 미치는 뇌의 성 결정화는 임신 중에 분비되는 남성 호르몬 테스토스테론(Testosterone)에 의해 태내에서 이미 결정되는데 만약 임산부가 스트레스를 받으면 테스토스테론 분비가 억제되어 성 분화에 영향을 미칩니다. 특히 남자 태아의 경우 여자 태아보다 뇌 발달이 서서히 일어나기 때문에 스트레스의 영향이 더 클 수 있으므로 임산부는 스트레스가 만성화되거나 극심하지 않도록 특별히 주의할 필요가 있습니다.

그렇다면 임산부로서 스트레스를 어떻게 관리해야 할까요? 먼저 나는 어떤 감정을 주로 느끼는지 감정의 유형을 점검합니다. 그리고 각 감정들은 어떤 스트레스 상황에서 주로 일어나는지 확인합니다. 감정에 따라 스트레스 상황이 서로 어떻게 다른지 확인하는 것은 보다 효과적으로 스트레스를 다루는데 도움을 줍니다.

예컨대 분노 감정은 주로 어떤 상황들 가운데 느끼는지, 서운한 감정은 어떤 상황들인지, 답답함은 어떤 상황들 가운데 주로 느끼는지 확인해 봅니다.

서로 중복되는 상황들도 있지만 주요 감정들과 상황들을 서로 연결시키다보면 각 감정에 따른 상황들의 공통점을 발견하기도 하고 내가 주로

사용하는 대처 방법도 확인할 수 있습니다. 스트레스 상황이 확인되면 상황을 회피하거나 감정을 억누르지 않는 것이 좋습니다.

대인관계에서 오는 스트레스라면 친밀한 사람과 감정을 나누거나 적절한 방법을 통해 자기 주장을 표현하는 노력이 필요합니다. 대인관계가 아닌 환경에서 오는 스트레스라면 생각의 변화를 주어 새롭게 환경을 바라보면서 스트레스를 완화시키는 것이 좋습니다.

궁극적으로 코르티솔의 분비를 안정화시킬 수 있도록 충분한 수면을 방해하는 요소를 제거하는 것이 바람직합니다. 부족한 수면을 보충하여 잠이 부족해서 생기는 예민한 몸 상태를 조절하는 것이 좋습니다. 안정된 수면과 함께 임신기에 맞는 적절한 운동과 영양 섭취 또한 코르티솔 안정화에 도움이 됩니다. 무리한 운동보다 자신에게 적절한 운동을 선택하여 꾸준히 실천하고, 그에 맞는 영양섭취로 건강한 임신기를 유지하는 것이 스트레스에 대한 예방뿐만 아니라 건강한 마음을 형성하는 기초가 됩니다. 무엇보다 스트레스를 풀 수 있는 나만의 건강한 대처방법을 만드는 것이 효과적입니다.

임산부마다 체력이 다르고 좋아하는 분야가 다르기 때문에 나의 상황에 맞는 적절한 방법으로 스트레스를 다루는 것이 좋습니다. 또한 스트레스를 제거하기 위해 애쓰기보다는 적절히 다루면서 관리하는 것이 바람직합니다.

임신 week 12

부부 친밀감

임신이란 부부 사이의 사랑의 결실입니다. 마땅히 기뻐하고 즐거워야 할 축하받을 일입니다. 하지만 임신은 부부 사이의 변화와 헌신을 요구합니다. 그래서 부부 사이가 얼마나 친밀한가에 따라 임신이 주는 행복도가 차이가 납니다. 즉 부부에 따라 임신기가 행복하기도 하고 스트레스가 작용하기도 합니다.

일반적으로 태아가 첫째일수록, 현재 임신 주수가 짧을수록, 계획된 임신일수록 부부관계의 친밀감이 높아서 임신 기간이 행복할 확률이 높습니다.

만약 그렇지 않더라도 임신 기간은 부부가 서로 돌보고 사랑하면서 출산을 준비해 가는 과정이라는 것을 인식해야 합니다.

임신 기간에 부부가 친밀한 관계를 유지하면 서로 이해의 폭도 넓어지고 정서적인 유대감도 높아지지만 무엇보다 태아애착이 높아지면서 태아에게 안정감을 제공합니다. 또한 부부가 서로 사랑을 주고받으면서 형성되는 엔돌핀(Endorphine)이나 세로토닌(Serotonin) 같은 행복 호르몬은 태아의 뇌 발달을 돕기도 합니다.

심지어 세로토닌의 경우는 수정 이후 태아가 만들어지는 초기 단계부터 정상적인 발달을 유도하는 중요한 물질입니다. 임신하면 태아의 뇌와 신경계가 형성되기 전부터 세로토닌을 받아들이기 위해 필요한 '세로토닌 수용체'를 모태에서 먼저 만들어 냅니다. 그러므로 부부의 친밀한 관계는 임신 초기부터 태아를 위해 조성되어야 할 근본적인 환경입니다.

부부의 친밀감은 임신 기간 중 부부의 성생활과도 깊은 관련이 있습니다. 임신 기간이라고 해서 성욕이 감소하지 않습니다. 임신 기간에도 서로를 향한 부부의 사랑은 동일하기 때문입니다.

일반적으로 임신 기간 중 성생활을 자제하려는 경향이 있습니다. 혹시 태아에게 좋지 않은 영향이 미칠까 염려해서입니다. 하지만 현재 임신 기간의 어느 시기를 지나고 있는가에 따라 그리고 부부의 건강 상태에 따라 성생활이 임신에 미치는 영향은 다릅니다.

임신 기간에 부부가 양호한 건강 상태라면 성관계를 가지면서 부부의 친밀감을 높이는 것은 부부에게나 태아에게 모두 좋은 영향을 미칠 수 있습니다. 부부의 건강한 성생활에서 오는 임산부의 혈액순환과 안정감, 그리고 엔돌핀 같은 내분비물질은 고스란히 태아에게 전해지면서 태아의 안정된 발달을 돕습니다.

하지만 임신 초기 약 12주까지 민감기에는 성관계를 피하는 것이 안전하며 출산 전 약 4주 역시 자제하는 것이 좋습니다. 출산이 임박한 시기에 성관계로 인한 세로토닌 분비의 촉진이 자궁을 수축할 수 있기 때문입니다. 또한 다음과 같은 특수한 경우라면 성생활을 하지 않는 것이 현명한 선택입니다.

- ♥ 전치태반의 경우
- ♥ 조산의 가능성이 있는 경우
- ♥ 비정상적 하혈이 있는 경우
- ♥ 자궁경부무력증의 경우
- ♥ 임산부 또는 배우자가 헤르페스에 감염된 경우 (특히 임신 후기)
- ♥ 임산부 또는 배우자가 성병에 감염된 경우

임신기의 부부 친밀감은 단순히 부부 사이만 사랑으로 연결시키지 않습니다. 부부뿐만 아니라 부모와 태아와의 관계도 강화시킵니다. 부부 사이의 사랑의 결실로 임신이 이루어졌다면 태아에 대한 부부의 관심과 사랑은 높아질 수밖에 없습니다. 최근의 연구에서도 부부 친밀감이 높을수록 태아애착이 남편과 아내 모두에게서 높게 나타났습니다.

임산부는 배우자의 사랑과 지지를 인식할수록 심리적인 안정을 더 강하게 느끼기 때문에 자연스럽게 태아애착도 강해집니다. 남편 또한 아내를 돌보고 지지할수록 태아에 대한 관심이 높아지기 때문에 태아와 더 가까워집니다.

임신 week 13

태내기는 프로그래밍 시간

태아 프로그래밍(fetus programming)은 임신 기간, 특히 조직과 신체기관을 형성하는 결정적인 시기의 자궁 내 환경이 출생 이후의 삶에서 만성 질병을 유발할 수 있는 영구적 조건을 프로그램할 수 있다는 과학적인 이론입니다. 즉 태아가 임산부 태내에서 경험하는 환경은 출생 후 지속적으로 영향을 미친다는 의미입니다.

태아 발달 초기에 영양 결핍을 경험할 경우 성인이 된 후 각종 심장질환이나 당뇨, 대사성 질환, 내분비계 질환 등의 발병률이 높아진다는 연구 결과가 있습니다. 어떠한 이유든지 임산부가 영양 섭취를 제대로 하지 못하면 태아에게 영양이 충분히 공급되지 않아 기준 체중보다 모자란 저체중으로 태어납니다.

출생시 체중은 임신 기간 태내 환경을 태아가 어떻게 경험하였는지 판별하는 중요한 기준입니다. 태아의 저체중이란, 임산부가 처한 육체적 정신적 환경이 열악했다는 것을 설명하며 동시에 그 환경적 영향이 자궁 내의 태아에게 전달되었다는 것을 말합니다.

이러한 사실은 제 2차 세계대전 당시 1944년 네덜란드 임산부들이 겪었던 열악한 환경이 당시 태아에게 어떠한 영향을 미쳤는지 조사한 연구에서 실제적으로 알 수 있습니다. 당시 네덜란드는 독일군에 의해 모든 항구가 포위되어 식량 공급이 극도로 제한되어 배고프고, 환경적으로도 열악한 시기를 보냈는데, 이때 임신된 태아들은 이후 저체중으로 태어났으며 이들을 추적 조사한 결과 대부분 비만과 당뇨병에 시달렸다는 결과입니다.

현대 뇌과학자들은 그 이유가 태내 영양공급이 부족하면 태아의 뇌가 출생 후 외부의 열악한 상황에 적응하기 위해 자궁의 영양 결핍 상황을 자신의 몸에 맞도록 모든 체계를 미리 프로그램하기 때문이라고 설명합니다.

엄마의 뱃속에서 발달 중인 태아는 영양 공급이 부족할 경우 영양분을 지방으로 바꾸어 체내에 저장하여 배고프지 않도록 효율적인 에너지 저장 전략을 사용합니다. 이러한 신진대사 전략을 프로그램하여 출생 이후의 삶을 준비합니다. 출생 이후 삶이 풍요롭지 못할 것이라는 것을 본능적으로 예측하고 부족한 환경에 더 잘 적응하려고 준비하는 전략인 것입니다.

하지만 출생 이후 환경이 태아가 예측했던 것과는 달리 풍요로운 영양 공급이 가능하면 태내에서 형성했던 효율성에 입각한 에너지 저장 전략으로 인해 과도한 지방이 축적되어 성장 이후 비만이나 성인병에 걸릴 확률이 높아집니다. 태아가 느끼는 태내 환경이 임산부가 처한 외부 환경과 반드시 일치하는 것은 아닙니다. 전쟁이나 기근 또는 가난 같은 열악한 외부적 상황에서 임신 기간을 보내야 한다면 태아가 느끼는 상황과 임산부가 느끼는 상황이 어느 정도 일치합니다.

그러나 임산부의 환경 자체는 풍요한데 임산부가 정신질환에 취약하거나 술이나 담배 또는 스트레스에 과다하게 노출된 경우라면 자궁 내의 태아는 외부 환경과는 다르게 혹독한 상황으로 환경을 인식합니다.

또한 임산부의 건강 상태 등으로 식생활이 좋지 않아 영양공급이 제대로 이루어지지 않는 경우에도 임산부의 외부 환경과 태아가 느끼는 것은 반대여서 태아가 형성한 에너지 저장 전략이 오히려 해롭게 작용합니다.

그러므로 안정된 태내 환경을 조성하기 위해 임산부의 외부적 환경 외에도 심리적인 환경이 열악하지 않도록 관리해야 합니다. 물론 일상적인 삶의 희노애락은 있을 수 있습니다. 일반적으로 겪는 어려움으로 인해 태아가 심한 영향을 받는 경우는 드뭅니다.

하지만 열악한 외부 환경에 장기간 노출되거나 극심한 충격이나 트라우마를 경험하는 것은 좋지 않습니다. 특히 트라우마(사고, 재해, 심리적 충격 등)는 짧은 시간의 경험이라 할지라도 임산부와 태아에게 부정적 영향을 미치며 다양한 부작용을 일으킵니다.

임신 week 14

마음 환경, 태아에게 전달된다

인간게놈프로젝트에 의하면 인간 DNA의 총합은 약 30억 개로 이루어져 있으며 이 중에 유전자를 포함하는 DNA는 전체 유전체 속에 약 23,000개로 이루어져 있습니다. 이 유전자를 포함하는 DNA 영역을 통해 생물은 자신의 정보를 생식 과정과 함께 다음 세대에 전달합니다.

그런데 일란성 쌍둥이같이 똑같은 DNA를 부모에게 물려받았어도 경우에 따라 머리 색깔이나 키, 특정 질병 등 여러 영역에서 서로 차이를 보이는 현상은 전통적인 유전으로 설명하는데 한계를 보입니다.

임산부와 배우자 모두 암 유전자를 보유하고 있다면 전통적인 유전현상으로 설명하면 태아 역시 암 유전자를 보유하게 됩니다. 하지만 암 유전자가 실제 암으로 진행되기 위해서는 표현형(유전자가 켜진 상태)으로 나타나야 하는데 태아의 삶의 환경에 따라 유전자형(유전자가 꺼진 상태)으로 남아 부모가 물려준 암 유전자로부터 자유로울 수 있습니다.

이와 같이 환경에 따라 유전 현상이 다르게 나타나는 것을 '후성유전'이라고 말합니다. 좀 더 자세히 말하면 후성유전이란 유전자를 포함하는 DNA의 염기서열은 변화시키지 않은 상태에서 환경의 영향으로 기대와는 다른 유전 형태가 전달되는 현상을 말합니다.

결국 후성유전학은 우리가 처한 환경이나 개인의 심리적 성격 등이 어떻게 전통적인 유전 현상에 변형을 일으키며 새로운 현상을 대물림하게 만드는지 과학적 증거로 설명합니다.

임산부가 환경에서 받아왔던 자극, 영양 상태, 마음속의 정서 등은 임산부의 DNA 유전 정보에 영향을 주면서 새롭게 형성된 특징들이 태아에게 표현되어 대물림 될 수 있습니다.

좋은 유전인자를 아이에게 전달하기 원하는 마음은 모든 부모의 바람입니다. 그러나 후성유전이 제시하고 있는 증거는 아무리 좋은 유전인자라도 환경이나 부모의 심리 상태가 어떠한지에 따라 다음 세대에 그 유전인자가 표현되기도 하고 그렇지 않을 수도 있습니다. 반대로 임산부가 좋지 않은 유전인자를 가지고 있더라도 좋은 환경과 임산부의 심리적 안정감은 오히려 좋은 특징을 태아가 형성하도록 도울 수 있습니다.

그러므로 임산부와 태아와의 애착 관계는 후성유전이 제시하는 내용을 결정적으로 반영합니다. 태아의 태내 환경은 임산부의 물리적 환경은 물론 심리적 환경에 민감하게 반응합니다. 그래서 임산부가 섭취하는 음식물 내용에 따라 태아가 공급받는 영양분의 요소가 결정되듯이 임산부의 마음 환경에서 나오는 다양한 호르몬과 신경전달물질은 태아의 심리 형성에 영향을 줍니다. 결국 태아의 건강한 심리적 환경을 위한 가장 좋은 후성유전은 임산부의 심리적 안정감이라고 할 수 있습니다.

콜롬비아대학의 연구에 따르면, 임산부의 불안정한 심리 환경은 출산 후 아이가 성장하면서 정서 조절에 실패하고 심리 장애를 가질 확률이 높다고 합니다.[16] 임산부의 심리적 안정은 후성유전을 수단으로 태아와의 안정감 있는 무언의 소통을 이루고 있다는 것입니다.

그렇다면 안정감 있는 심리적 환경은 어떻게 얻을까요? 만약 안정애착 유형의 임산부만 심리적 안정을 얻는다면 불안정애착 유형의 임산부는 자신에 대한 자책과 함께 실망감을 가질 수 있습니다. 그러나 안정감 있고 행복한 심리 환경은 사실 다양한 요인에 의해 만들어집니다.

한 쌍생아 연구에 따르면, 행복의 수준 차이를 크게 세 가지로 구분하면서 행복이 무엇으로 결정되는지를 설명합니다.[17] 먼저 행복을 결정짓는 요인의 50%는 유전적인 요인, 즉 사람이 어쩔 수 없는 조건입니다. 안정애착 유형의 부모가 가진 심리적 안정감이 아이에게 유전적으로 전달된다는 것을 유추할 수 있는 대목입니다.

두 번째로 행복 요인의 약 10%는 신체, 환경, 교육 정도와 경제력, 사회문화적 상황과 같은 외부 요인에 있습니다. 우리가 행복이나 안정감에 강한 영향을 미칠 것이라고 착각하는 조건이지만 실제로 행복감 또는 안정감을 느끼는 요인으로 작용하지 않습니다.

마지막으로 행복 요인의 약 40%는 일상에서 의도적으로 선택하는 삶의 조건과 활동 요인입니다. 행복감의 절반은 개인이 환경을 얼마나 주도적으로 살아가면서 자신의 심리에 적극적으로 영향을 미치는가에 달려 있습니다.

이와 같이 비록 선천적인 요인으로 부정적인 감정에 취약한 경우라도 삶에서 임산부가 선택한 활동에 만족하며 긍정적인 측면을 의도적으로 경험하는 것이 행복과 안정된 심리는 물론 태아에게도 안정감을 물려줄 수 있는 환경을 만드는 방법입니다.

행복에 대한 다른 연구에 따르면, 삶에서 긍정과 부정 비율이 2.9대 1일 때 행복을 유지할 수 있다고 합니다.[18] 임산부가 부정적 감정에 취약할지라도 태아와의 교감이나 긍정 감정을 유발시키는 다른 활동을 약 3대 1의 비율로 의도적으로 실천하면서 정서를 조절할 수 있습니다.

그러므로 임산부의 심리적 안정감은 좋은 감정을 일으키는 다양한 활동을 실천하면서 얻을 수 있습니다. 즉 마음에서 일어나는 감정을 조절하려는 노력이 건강한 마음을 유지하는 데 결정적 역할을 한다는 것입니다.

애착 유형 중 집착 유형처럼 감정이 잘 조절되지 않을 경우 지나치게 감정적으로 반응하게 되어 불안이나 우울감 등에 쉽게 노출됩니다. 반대로 인간관계에서 지나치게 감정을 나타내지 않는 회피 유형은 환경에서 오는 감정을 억압하거나 무시해서 감정에 휩싸이지는 않지만 혈중 스트레스 지수는 오히려 집착 유형보다 높게 나타납니다. 결국 두 유형 모두 태아에게 감정에 취약한 영향을 미친다고 볼 수 있습니다.

이와 같이 감정에 취약할 경우 부정적인 감정이나 생각은 자동적으로 마음에 떠오르지만 긍정적인 감정이나 생각은 의도적인 노력을 하지 않는 한 마음에 두기 어렵습니다. 마음속에 무엇을 쌓느냐에 따라 말과 행동이 다르게 나타납니다. 좋은 생각과 행동을 쌓을수록 좋은 감정과 아이디어들이 쉽게 떠오를 수 있습니다. 반대로 나쁜 생각과 감정을 쌓으면 부정적인 생각이나 감정이 강박적으로 떠오르거나 파국적으로 생각과 감정이 점점 커지는 현상을 경험하게 됩니다.

그러므로 감정을 조절하기 위한 엄마의 의도적인 노력은 태아에게 좋은 생각과 감정을 쌓는 마음을 만들어주는 후성유전의 실천입니다. 임산부가 심리적 안정감을 얻을 수 있는 방법은 의도적으로 긍정적인 활동을 선택하는 것 외에 임산부가 안정감을 느낄 수 있는 안전기지와 같은 대상을 확보하는 것도 좋습니다.

일차적으로는 배우자의 돌봄이 임산부에게는 최고의 안전기지로 기능할 수 있습니다. 그런 의미에서 부부의 친밀감은 아무리 강조해도 지나치지 않습니다. 배우자의 지지와 돌봄은 임산부에게 보호받고 있다는 심리적 안정감을 가져다줍니다. 이차적으로는 친정 부모 또는 시부모의 돌봄이 안전기지 같은 역할을 한다면 바람직합니다. 특히 안전기지 대상이 누구이든 임산부 관점을 고려하여 돌봄을 제공하는 배려는 가장 중요한 주의사항입니다. 돌보는 사람이 자기 관점에서 행동한다면 임산부의 심리적 부담감이 증가되고, 기쁜 일을 두고 자칫 서로 마음이 불편해질 수 있습니다.

애착 박사가 함께하는 Q & A

Q. 시어머니와의 갈등으로 힘든데 태아에게 나쁜 영향이 갈까 염려돼요.

A. 임신 소식은 친정과 시댁 양가에 기쁜 소식임에 틀림없습니다. 하지만 사소한 임신 증상이 심각한 고부 갈등으로 이어지는 씨앗이 되기도 합니다. 입덧으로 음식을 준비하는 것이 어려워지는 것도, 몸이 무거워 행동이 느려지는 것도 아들을 각별하게 생각하는 시어머니의 눈에는 곱지 않게 보는 경우도 있습니다.

고부 갈등 자체가 태아에게 영향을 미친다고 보기는 어렵지만 그로 인해 임산부의 스트레스가 장기화될 경우는 태아에게 좋지 않은 영향을 미칩니다. 그러므로 임산부가 고부 갈등을 피할 수 없는 상황이라면 스트레스에 대한 관리가 중요합니다. 고부 갈등에 지혜롭게 대처하기 위해 염두에 두어야 할 몇 가지 사항을 소개하면 다음과 같습니다.

"며느리는 딸이, 사위는 아들이 될 수 없습니다."

결혼하면 양가의 부모들은 자녀의 배우자를 맞아들이면서 잘 대해주고 싶은 마음에 자신의 아들·딸로 여기려 합니다. 결혼한 부부 역시 배우자의 부모에 대해 원가족의 부모처럼 공경하리라 마음먹습니다.

하지만 그러한 기대는 애초부터 갈등을 내포한 기대입니다. 결혼이란 서로 다른 가족과의 만남이기에 친밀하면 할수록 '다름'이 드러나고 '조율'이 요구됩니다. 딸과 아들로 기능하기보다 며느리와 사위로 기능해야 합니다.

"존중과 자기표현을 병행하는 것이 바람직합니다."

어른을 공경한다는 것이 자기표현을 하지 말아야 한다는 것은 아닙니다. 사람마다 세계관이 다르고 표현 방식이 다르기에 어떠한 관계든 상충할 경우 갈등을 피할 수 없습니다. 시부모님과의 관계에서도 생각과 표현 방식에 따라 부당하거나 서러운 마음이 들 수 있습니다. 하지만 상한 감정으로 시부모님의 생각이나 행동을 해석하면 서럽고 부당하다는 것만 느껴질 뿐, 이면에 있는 시부모님의 의도는 알아채기 어려워집니다.

그러므로 시부모님의 말이나 행동에서 비춰지는 표면적인 모습에 초점을 두기보다 의도를 살펴보면서 존중할 것은 존중하고 힘든 부분은 표현하는 관계를 만들어 가는 것이 좋습니다. 특히 남편이 아내의 입장에서 함께 표현하는 모습이 필요합니다. 무조건 참는 것은 갈등만 깊게 할 뿐입니다.

"사위와 며느리의 아킬레스건은 서로 다릅니다."

사위가 상처받는 것과 며느리가 상처받는 부분은 전혀 다른 주제입니다. 사위는 집안 살림보다는 일이나 능력에 대해 소리를 들으면 상처받습니다. 반면에 며느리는 살림에 대해 간섭할 경우 상처받습니다. 남성과 여성의 역할이 담겨있는 영역이기에 그렇습니다. 남녀가 평등하지만 여전히 우리 주변에는 사위가 주방 일로 상처받기 보다는 며느리가 주방 일로 고부 갈등이 일어나는 경우를 쉽게 찾아 볼 수 있습니다. 시부모님은 도움을 주기 위한 조언으로 이야기하더라도 자칫 비판으로 여겨지기 쉽습니다.

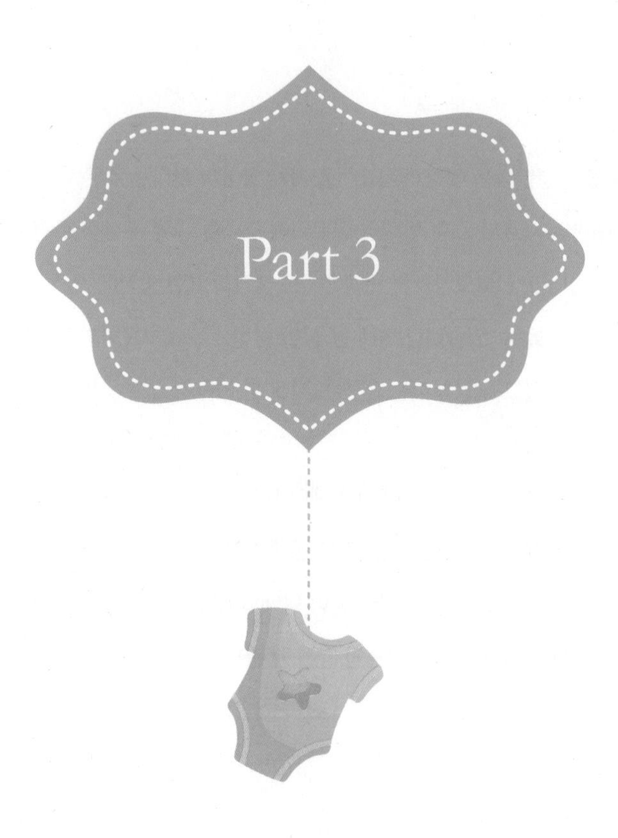

엄마의
마음 준비

임신 week 15

태아의 안전기지, 엄마

임산부라면 누구나 태아에게 좋은 엄마가 되기를 희망합니다. 본능적으로 태아를 보호하려는 모성애를 느끼면서 자신의 행동을 조절하고 통제하기도 합니다. 그러나 때로는 태아를 위해 필요하다고 선택한 행동이 태아와는 상관이 없기도 하고 심지어 태아에게 좋지 않은 영향을 미치기도 합니다.

그렇다보니 임산부로서 어떤 행동을 해야 하고 어떤 행동을 하지 말아야 하는지 혼란스럽습니다. 다음 세 가지는 태아를 위한 임산부 행동의 지침이 될 것입니다.

- 임신 중 궁금증이 생기면 인터넷 정보에 의존하기보다 주변 전문가와 주기적으로 상의하십시오.

- 어떤 행동이든 지나치면 좋지 않습니다.(예: 지나친 운동, 특정 음식에 대한 집착 등)
- 무엇을 선택할 땐 태아의 관점도 생각하면서 선택하십시오.

안정애착을 위해서는 엄마의 일방적인 돌봄보다는 태아의 관점에서 생각하고 태아의 필요를 예측하여 돌보는 발상 전환이 필요합니다.

태아의 입장은 멀리한 채 엄마의 필요를 따라 생활하거나 반대로 엄마의 욕구는 억압한 채 태아만을 위해 생활하는 것은 좋지 않습니다. 태아의 필요를 채우지만 엄마에게도 즐거움이 되어야 합니다. 안정애착은 엄마와 태아의 친밀한 상호관계 가운데 만들어지기 때문입니다.

임신기의 생활은 크고 작은 걱정거리로 감정을 조절하기가 쉽지 않습니다. 태아를 생각하여 걱정하지 않고 편안한 마음을 가지려고 해도 마음처럼 되지 않습니다. 하지만 평소 꾸준히 긍정적인 생각을 하려는 노력만으로도 효과는 있습니다.

최근 한 연구에 따르면, 불안이나 걱정을 하더라도 꾸준히 긍정적인 결과를 마음속에 그리기만 해도 불안지수가 감소한다는 것을 발견했습니다.[19] 결국 태아를 위해 생각만 바꾸어도 엄마와 태아 모두 안정감을 느낄 수 있습니다.

안전기지(secure base)란 엄마의 관점에서 태아에게 좋을 것이라고 생각하는 돌봄을 제공하기보다 태아의 관점으로 필요를 채워주어 태아가 믿을 만하다고 느끼는 안정감의 대상을 말합니다. 심리학의 안전기지는 영유아가 바깥 세상을 안전한 상태에서 흥미를 느끼고 자유롭게 탐험하도록 의존하는 안전한 대상을 의미합니다.[20] 안전기지는 출산 이후의 아기에게만 필요한 것이 아닙니다.

태아의 관점에서는 자기를 맡기고 의존할 수 있는 대상이 엄마이기 때문에 임산부가 곧 안전기지입니다. 비록 태아가 스스로 인지하는 상태는 아니지만 다음 질문에 태아가 "예"라고 대답한다고 가정한다면 현재 엄마는 태아의 관점에서 안전기지라고 할 수 있습니다.

- ♥ 엄마에게 나는 사랑받을 가치가 있어요?
- ♥ 안전기지인 엄마는 나를 사랑하고 돌볼 수 있나요?

태아의 관점에서 안전기지인 엄마의 조건은 일관성, 민감성, 안정감으로 요약됩니다.

일관성은 태아를 향한 엄마의 일관성 있는 태도를 말합니다. 태아에게 필요한 영양분(임산부의 양질의 식사)을 충분히 공급하고, 태아와 교감하는 대화, 마사지를 통한 스킨십 등을 꾸준히 실천할 경우 태아는 자신의 필요를 공급받으면서 엄마의 사랑을 경험할 것입니다.

무엇보다 엄마의 일관된 마음이 주는 안정감은 태아를 건강하게 하는 최고의 환경입니다. 일관성 있는 태도는 태아에게 필요한 것을 때에 맞추어 제공한다는 점에서 태아 발달에 효과적이고, 안정된 신경구조를 형성하는 배경이 됩니다.

민감성은 태아의 의도와 신호를 감지하려는 엄마의 관심을 말합니다. 태아는 독립된 생명체여서 태아가 보내는 태동 같은 신호에 엄마가 반응하면 태아는 상호작용을 배웁니다. 즉 태아가 보내는 신호에 관심을 가지고 반응하는 것은 태아가 자신의 존재를 인식하도록 도우며, 다시 태아가 자극을 보내며 안전기지를 인식하도록 돕습니다.

태아는 이제 막 세상의 개체로서 관계를 처음 시작합니다. 그러므로 엄마가 민감하게 반응하는 돌봄은 본능적으로 안전기지에 연결하고자 하는 태아를 촉진합니다. 또 엄마가 태아 상태에 민감하게 반응하는 태도는 출산 이후에도 한결같이 아기에게 반응하도록 돕기 때문에 아기가 자유롭게 엄마에게 다가갈 수 있습니다.

이러한 상호작용은 태아와 아기가 느끼는 안정감의 바탕이 됩니다. 안정감은 엄마가 안전기지로서 역할을 할 때 엄마와 태아가 동시에 경험하는 긍정적인 정서를 말합니다. 안정감은 엄마와 태아의 유대를 강화시킬 뿐만 아니라 엄마가 감정을 잘 조절하고 있다는 증거입니다. 그래서 안정감은 애착 유형 중 안정형인 임산부가 다른 유형보다 더 강하게 태아와 공유하는 정서이며 태아가 가장 필요로 하는 정서이기도 합니다.

임신 week 16

임산부의 Here & Now

임산부의 '지금(Now)'

"과거를 통제하는 자가 미래를 통제하고 현재를 통제하는 자가 과거를 통제한다." 영국의 작가 조지 오웰(George Orwell)의 말입니다.[21] 시간과 공간의 3차원 세계에 제한되어 살고 있는 우리는 누구나 과거를 가지고 살아갑니다. 과거는 현재에 절대적인 영향을 미친다는 것을 알고 있습니다.

과거가 현재에 영향을 미치는 것은 자연스럽습니다. 지나간 과거를 바꿀 수 없기에 그 결과가 현재에 반영되는 것도 막지 못합니다. 그러나 과거의 영향을 통제하는 것은 바로 '나'입니다. 현재의 나를 정확히 보고 수용하지 못했던 나를 수용할 때 지금까지 기억하는 과거의 내 모습에서 다른 모습을 발견할 수 있습니다.

누군가를 용서하지 못했던 아픈 경험이 있다면 현재에 직면하면서 그

아픔을 나의 일부로 받아들이고 힘들더라도 용서를 선택한다면, 부정적인 과거와는 달리 용서가 주는 새로운 의미가 부여되어 과거와는 다른 긍정적 환경이 조성될 것입니다.

고통스러운 현재를 받아들이면서 삶을 직면할 때 과거가 통제되며, 의미 있는 현재를 만들어 새로운 미래를 꿈꿀 수 있습니다. 현재의 나를 수용해야 과거를 새롭게 인식할 뿐더러 임신기 의미를 보다 새롭고 건강하게 바라보면서 현재를 보낼 수 있습니다.

임신은 여성만이 누리는 최고의 특권입니다. 임신기는 여성이 일생에서 가질 수 있는 한정된 특별한 시간입니다. 아마 모든 임산부는 임신 전과 후가 달라졌다는 것을 느낄 것입니다.

임신은 여성에게 새로운 생명을 준비하면서 새로운 경험의 기회를 제공합니다. 어떤 분은 임신 전에 출퇴근을 했을 것입니다. 또한 인생의 꿈을 실현하려고 시간과 열정을 투자하다가 갑자기 임신이 찾아왔는지도 모릅니다. 아니면 임신을 계획하고 준비하는 과정일 수도 있습니다. 어떠한 모습이든지 임신은 그 자체로 삶의 변화를 요구합니다.

어떤 사람은 임신 전의 생활이 그립겠지만 분명한 것은 현재의 삶은 매우 특별한 순간의 연속이라는 것입니다. 엄마인 당신과 호흡을 맞추며 귀중한 생명이 자라고 있다는 것을 깨닫는 것은 감격스런 일입니다. 그러므로 지금 임신 중인 '나'를 있는 그대로 수용하는 것은 곧 태어날 태아를 수용하는 일입니다.

태아가 나에게서 안정감을 느끼도록 임신 중인 나를 맞이해야 합니다. 나를 소중히 여기며 있는 그대로 받아들이는 것은 현재를 직면하면서 안정감 있는 미래를 준비하는 첫걸음입니다.

그러므로 임산부의 '지금(Now)'은 매우 특별한 순간이며 미래의 다음 세대를 잇는 의미 있는 순간입니다. 비록 임신으로 경력이 단절되거나 인생의 계획이 늦춰질 수 있지만 임산부가 '나'를 받아들인다는 것은 실망이나 좌절에 머물지 않고 '나' 자신을 적극적으로 사랑하는 행동입니다. 그리고 그로 인한 미래의 긍정적인 '나'를 기대하는 행동입니다.

임산부의 '여기(Here)'

성경은 이천여 년 전 예수께서 이 땅에 태어나신 공간을 마구간의 말먹이통이었다고 기록합니다. 당시 예수의 부모는 국가적인 명령으로 고향에서 인구조사에 동참해야 했는데 많은 사람들이 베들레헴으로 몰려 임신 중인 마리아가 쉴 곳을 찾지 못해 결국 마구간을 빌려야만 했습니다.[22]

이것이 성경이 전하는 성탄의 배경입니다. 마구간이라는 공간은 분명히 쾌적한 환경이 아닙니다. 위생적이지도 않았겠지만 불편하고 비좁았을 것이 틀림없습니다. 하지만 초라한 마구간의 환경은 기억하지 않습니다. 대부분의 사람들이 기억하는 성탄의 공간은 성서에 기록된 것처럼 큰 별이 탄생지 위에 떴다는 것, 그리고 마구간으로 박사들이 찾아와 예수를 경배했다는 것입니다. 그 순간, 그 공간은 기쁨으로 가득했다는 사실을 성경이 더 강하게 기억하게 합니다. 같은 공간이지만 어디에 의미를 두느냐에 따라 누추한 공간이 즐거운 공간으로 기억되기도 합니다.

사실 임산부가 경험하는 공간 '여기(Here)'는 다양합니다. 임신에 필요한 각종 서비스를 경험할 수 있는 호화스런 공간일 수도 있고, 지루한 일상이 이어지는 일반적인 공간일 수도 있습니다. 어떤 경우는 바쁜 일터가 임산부의 주된 공간이기도 하고, 불편하기 그지 없는 공간을 경험하며 임신기를 보낼 수도 있습니다.

물론 임신기의 환경은 중요합니다. 하지만 어떠하든지 태아와의 관계보다 공간이 주인공일 수는 없습니다. 무엇보다 태아에게는 엄마의 뱃속이 최고의 공간입니다. 그렇기에 임산부는 현재 공간이 어떠하든 수용하는 마음이 중요합니다. 임산부의 마음에 환경적 공간을 비교하기 시작하면 수용하는 마음은 갖기 어려워집니다.

세상의 어떤 공간이든 임산부가 존재하는 현재의 공간은 태아와 함께하는 공간이 됩니다. 임산부가 자신의 공간을 수용하는 것은 태아와 함께하고 있다는 임신의 '공간적 의미'를 수용할 때 가능합니다.

공간에 대한 수용은 임산부에게 보다 안정감을 느끼도록 도와줍니다. 현재 나의 공간이 마음에 들지 않는다고 해도 외부적 공간보다 태아와 함께하는 공간에 더 의미를 두는 여유 있는 마음이 안정감을 줄 것입니다.

심리학에서 안정애착 유형의 사람들이 낯선 공간에서 타인과 쉽게 친밀해지는 이유는 환경에 대한 불안감 또는 불편감보다 환경을 수용하고 조절하는 정서적인 탄력성이 다른 유형에 비해 강하기 때문입니다.[23]

임신 week 17

생각 다루기

생각의 오류 점검하기

안정애착 유형의 특징은 생각의 흐름이 일관적이고 객관적입니다. 과거의 경험을 이야기할 때도 일관성 있게 '있는 그대로'의 사실을 이야기하는 경향이 강합니다. 지나치게 감정으로 치우치거나 중요한 내용인데 잘 기억하지 못하거나 두서없이 혼란스럽게 이야기하지 않습니다. 생각을 저장하는 방법이 다르기 때문입니다.

경험을 기억으로 저장할 때 공정한 판단보다 감정을 많이 쓰는 경로를 택할 것인지, 아니면 감정을 조절하며 객관적으로 보고 느끼는 경로를 택할 것인지에 따라 같은 사건이 다르게 기억될 수 있습니다.

잘못된 기억으로 생각의 오류를 범하면 타인과의 관계에서도 문제를 일으키지만 자신과의 관계도 잘못된 자아상을 만듭니다. 오류가 있는 왜곡된 생각으로 태아와 관계하는 것이 아무 영향이 없을 것 같아도 사실 임신기뿐 아니라 출산 이후의 관계에서 좋지 않은 영향을 주게 됩니다. 생각의 왜곡 현상은 자신을 보호하기 위해 사용되는 본능적인 방어입니다. 그러나 자신을 해치는 경우가 많아서 생각을 점검하여 나의 생각이 객관적 사실에 근거하는지 아니면 주관적이고 감정적인 것을 사실로 착각하는지 살펴야 올바른 생각을 할 수 있습니다. 즉 생각을 정화하는 노력이 필요합니다.

종류	내용	예시
흑백 논리	어떤 사건이나 대상을 이분법적으로 나누어 둘 중 하나로 생각하는 오류	"남편이 날 좋아하지 않는 것은 싫어한다는 의미야"
과잉 일반화	몇 번의 경험에 근거하여 일반적인 결론을 내려서 그것과 관련 없는 경험이나 상황도 같은 결론을 적용하는 오류	"이 산부인과 두 번 방문했는데 간호사가 불친절한 걸 보니 의사들도 똑같을 거야"
의미 확대와 의미 축소	어떤 사건이나 경험을 실제보다 지나치게 확대하거나 축소해서 생각하는 오류	"피가 비치는 것을 보니 유산된 것이 틀림없어!"
정신적 여과 (내 입맛에 맞는 것만 생각하기)	어떤 사건이나 대상에 대해 전체적으로 공평하게 판단하기보다 특정한 일부만 선택하여 주관적으로 판단하는 오류	생일에 배우자가 저녁식사를 제공하고 선물했는데 조금 늦게 온 사실만 집중하여 생일을 망쳤다고 생각하는 경우
개인화 (내 멋대로 생각하기)	자신과 상관없는 상황을 자신과 관련 있는 상황으로 인식하여 오해하는 오류	마트에서 옆 사람이 웃는 모습을 보고 자신을 비웃는다고 생각하는 경우
재앙화/파국화 (최악의 경우만 생각하기)	다가올 미래에 대해 현실적으로 생각하지 않고 부정적으로 미래를 예측하는 오류	"나는 평소 약하기 때문에 의사 선생님이 신경 써서 돌보지 않으면 출산할 때 죽을 수도 있을 거야"
감정적 추론 (내 촉으로 판단하기)	충분한 근거 없이 주관적으로 느껴지는 감정에 근거하여 사건이나 대상을 추론하는 오류	"불길한 느낌이 들어. 뭔가 일이 잘못되어 가고 있음에 틀림없어."
독심술	충분한 근거 없이 자기 마음대로 다른 사람의 마음을 추측하고 단정하는 오류	"의사 선생님은 내가 실수가 많은 사람이라고 생각할 거야."

표에 소개된 예시는 자기도 모르게 실수하는 생각의 오류를 정리한 것입니다. 이 예시들은 나도 모르게 말이나 생각으로 표현되어 스스로 알아차리기 어려울 수도 있습니다. 하지만 나의 생각이나 말이 위의 오류에 속한다는 것을 알아차린다면 생각의 패턴을 바꾸도록 노력해야 합니다.

특히 이 같은 오류들은 주관적인 추측이나 생각으로 감정을 불러일으킬 확률이 높습니다. 그러므로 생각의 오류를 발견했다면 감정이 개입되지 않도록 생각을 곰곰이 따져보는 것이 좋습니다. 감정이 개입되면 생각의 오류를 점검하고 객관적으로 판단하는 것이 어렵게 됩니다.

자동적 사고 점검하기

임신은 새로운 세계를 열어주는 문과 같습니다. 임신 전 평소의 생활에 비해 임신기 동안 많은 제한을 받지만 임신기에만 경험할 수 있는 새로운 경험을 하도록 도와주기도 합니다.

하지만 임신 중기 이후는 몸의 변화와 호르몬의 분비 등 다양한 이유로 활동성은 줄어드는 반면 감정과 그에 따른 생각은 활발한 특징이 있습니다. 그 중에서 본인의 의지와는 상관없이 머릿속에서 자동적으로 떠오르는 생각들은 임산부의 심리적 환경을 혼란스럽게 만듭니다.

더구나 생각이 강박적일 경우 마음을 힘들게 합니다. 자동적인 생각은 종종 긍정적으로 만들어주지만(예: 빙판길 운전 중 "서행 해야겠다"라고 생각하는 경우) 주로 부정적으로 작용하여 감정과 행동에 부정적인 영향을 미치는 경우가 많습니다. 일부 임산부의 경우 자동적으로 떠오르는 부정적인 생각으로 우울증을 보이기도 합니다. 일반적으로 자동적 사고는 다음과 같은 부정적인 평가가 많습니다.

"나는 패배자야."

"뭘 해도 안 돼."

"역시 그럼 그렇지."

"사람들은 나를 싫어할 거야."

자동적으로 떠오르는 생각은 어느 날 갑자기 형성된 생각이 아닙니다. 어린 시절의 양육 환경에서 부모와의 관계가 좋지 않을 경우 이에 해당됩니다. 부모에게 거절을 경험하고 부정적인 말과 평가를 반복적으로 듣게 되면 자아상이나 세계관이 부정적으로 형성됩니다. 동시에 내면의 주요 감정도 수치심이나 죄책감 같은 부정적인 감정들로 채워집니다.

이와 같이 부정적인 자아상과 자신에 대한 부정적인 감정들은 반드시 부모가 아니더라도 성장하면서 타인으로부터 비슷한 거절 경험이나 비슷한 말을 들을 때마다 강화되어 오랜 시간에 걸쳐 부정적인 생각의 틀이 형성됩니다. 이것은 마치 마음에서 자동화된 시스템같이 기능하여 상황에 따라 자동적으로 생각을 떠오르게 만듭니다.

자동적 사고는 자아상만 부정적으로 평가하는 것이 아닙니다. 타인과 미래에 대한 생각에서도 영향을 미칩니다. 때로는 배우자에게 탓을 돌려 배우자가 자동적인 생각을 떠오르게 한다고 오해합니다.

하지만 나의 의지와 상관없이 떠오르는 다양한 자동적인 생각은 현재의 대상이나 환경에 의해 만들어졌다기보다 위에 열거한 '생각의 오류'로 인한 주관적인 생각일 가능성이 더 높습니다.

만약 임산부가 배우자와의 관계에서 약속한 것을 잊어버리고 약속을 지키지 못했을 경우 "이런 깜빡하고 약속을 잊고 있었네"라고 생각하는 것을 "그럼 그렇지, 난 안 돼"라고 생각한다면 나도 모르게 자동적 사고가 전달된 것입니다.

이러한 상황에서 자동적 사고의 부정적인 메시지의 원인을 배우자에게서 찾는다면("내가 이렇게 비참해지는 것은 모두 남편/아내 탓이야") 부부 갈등으로 이어지며 우울감을 높일 수 있어 태아와의 관계도 부정적인 영향을 끼칠 수 있습니다.

생각의 오류이든 자동적 사고이든 임산부로서 보다 능률적으로 대처하려면 의식적으로 생각의 전환을 시도해야 합니다. 보다 실제적인 실천을 위해 다음과 같은 3단계 과정을 따라 글을 적어본다면 생각을 수정하고 통제하는데 효과적입니다. 생각의 오류와 자동적 사고는 '생각'의 문제여서 '글쓰기'를 통해 대처하는 것이 좋습니다.

생각의 오류/자동적 사고	잘못된 왜곡 찾기	합리적인 생각으로 바꾸기
부정적인 생각들을 나열합니다. 각 생각을 어느 정도 사실로 믿고 있는지 강도를 적습니다. (0~100) 예시 '난 뭘 해도 안 돼' 강도: 100	각 생각에서 잘못된 부분을 찾아 무엇이 잘못되었는지 적어봅니다. 예시 '곰곰히 생각해보니 난 잘 하는 것도 많아'	각 생각에 대해 대체할 수 있는 합리적인 생각을 적어봅니다. 생각의 오류/자동적 사고가 지금은 어느 정도 사실로 느껴지는지 강도 변화를 적습니다. 예시 '내가 잘 하는 것으로 다시 해보자' 강도변화: '난 뭘해도 안 돼' (100→50)

임신 week 18

메타인지 활용하기

애착검사 결과가 불안정애착 유형에 속해 있고, 생각의 오류와 자동적 생각이 나도 모르게 자리잡았더라도 실망할 필요가 없습니다. 여전히 태아는 엄마가 최고의 안식처입니다. 좋은 생각을 습관화하여 마음의 분위기를 바꾸면 될 것입니다.

좋은 생각을 습관화하는데 최고 방해꾼은 자동적으로 들어오는 부정적인 생각입니다. 하지만 제거하려고 하지 마십시오. 무의식적인 반응을 제거하려고 시도하는 것은 비효율적입니다. 꾸준히 좋은 생각을 습관화하는 것이 자동적인 생각을 멈추게 하는 효율적인 방법입니다. 일부러 좋은 생각을 만들어서 하려고 한다면 꾸준히 실천하는 것이 힘들 수 있습니다. 자동적으로 들어오는 생각의 방향만 바꾸어 보세요.

『행복방정식(Happiness Equation)』의 저자 닐 파스리차(Neil Pasricha)는 다음과

같이 생각의 방향을 바꾸어보라고 제시합니다.

♥ 열심히 일하면
♥ 크게 성공하게 되고
♥ 행복해집니다.

↓

♥ 마음이 행복하면
♥ 열심히 일하게 되고
♥ 크게 성공합니다.

생각만 바꾸어도 전혀 다른 마음 환경을 경험할 수 있습니다. 생각의 방향을 바꾸기 위해서는 내 생각이 맞는지, 맞다고 착각하고 있는 것은 아닌지 객관적으로 검증하는 자세가 필요합니다. 이와 같이 의식적으로 생각을 검증하여 방향을 바꾸는 과정을 '메타인지(meta-cognition)'라고 말합니다. '메타인지'라는 단어가 생소하게 느껴질 수 있겠지만 생각의 오류와 자동적 사고를 수정하기 위해서는 반드시 필요한 '생각을 다루는 방법'입니다.

메타인지는 누구나 현실에서 이미 사용하고 있지만 습관화 되지 않으면 생각을 조절하지 못해 도덕성이나 올바른 판단을 내리는데 문제를 일으킵니다. 나의 생각을 제3자의 관점에서 다시 생각하여 객관적으로 나의 생각을 바라보는 능력이 메타인지인데, 내 생각이나 판단이 올바른지 아닌지 검증하면서, 내가 알고 있는 것과 안다고 착각하는 것 또는 모르는 것을 구분하여 올바른 판단을 내리게 합니다.

어떤 임산부가 임신에 관한 나의 특강을 열심히 들으면서 중요한 내용을 노트에 필기를 했다고 가정해봅시다. 임신에 대한 지식이 쌓여 마음이 꽉 차는 느낌과 함께 배운 것을 임신기 동안 모두 적용할 수 있을 것만 같았을 것입니다.

하지만 막상 태아와 태교에 적용하고 실천하려고 보니 몇몇 외에는 머리에 있는 것이 하나도 없었습니다. 모두 알 것 같았는데 실제로 적용할 만한 것은 몇 가지 지식 외에 없었습니다.

이같이 우리 생각은 '알고 있는 것'과 '안다고 착각하고 있는 것' 그리고 망각하게 되어 '모르는 것'이 있습니다. 메타인지는 안다고 착각하는 것을 아는 것으로 바꾸거나 잘못 알고 있었다고 자각하는 정신 활동입니다.

자동적으로 떠오르는 생각도 마찬가지입니다. '난 실패자야. 뭘 해도 안 돼!'라는 생각이 떠오른다면 다음과 같이 객관적으로 판단하여 생각의 방향을 바꿀 수 있습니다.

'난 정말 실패자인가? 어떤 것을 해도 잘 안 되었던가? 생각해보니 그런 것은 아니구나!'

이같이 메타인지는 나의 생각이 사실이 아닐 수 있다는 생각으로 방향을 바꾸면서 무엇이 사실인지 찾아가는 것입니다. 즉 '생각에 대한 생각'이라고 정의할 수 있습니다. 그러므로 메타인지를 활용하지 않으면 무의식적으로 당연하다고 여기는 나의 생각을 객관적으로 검증하기가 어려워져 주관적인 사실로 자리잡게 됩니다.

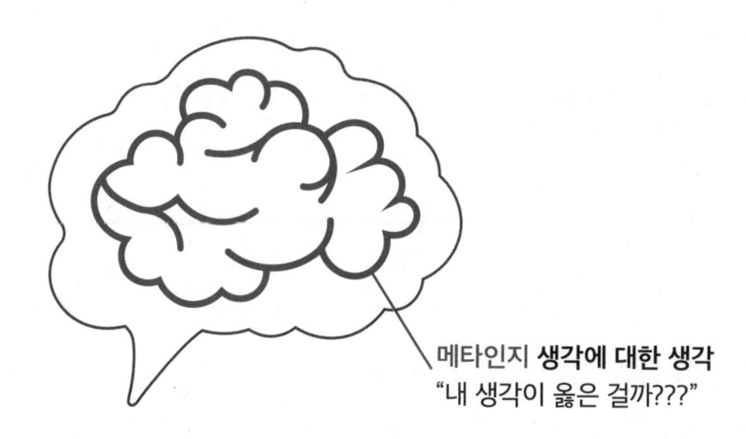

임산부는 상황에 따라 혼자 있는 시간이 많아지는데 이때 강박적인 생각 또는 서운했던 관계를 떠올리며 부정적인 생각으로 어려움을 겪기도 합니다. 그리고 메타인지가 습관화되지 않아 감정에 쉽게 노출되는 임산부는 자신의 생각이 옳은지 판단하지 못하고 감정적이고 주관적인 생각을 마치 사실처럼 기억으로 남깁니다.

특히 과거의 부정적인 경험을 현재 관계나 사건을 이해하는 규칙으로 적용하여 오해를 일으키고 관계를 더 힘들게 만듭니다. 하지만 메타인지를 습관화하여 나의 생각이나 경험을 옳게 이해하는지 확인한다면 갈등이 감소되고 궁극적으로는 좋은 관계를 유지할 수 있습니다. 메타인지를 쉽게 사용하려면 마음의 안정과 생각의 탄력성이 필요합니다. 즉 마음이 경직되지 않고 안정된 상태일수록 생각에 압도되지 않고 생각의 주체로서 조절할 수 있습니다.

안정애착 유형이 다른 유형의 사람보다 메타인지를 훨씬 능숙하게 사용하는 이유가 바로 생각의 탄력성에 있습니다.[24] 반대로 마음이 긴장된 상태에 놓이면 자기주장을 근거 없이 고집하거나 고정관념에 사로잡혀 자기세계에 집중한 나머지 객관적으로 생각을 점검하는 능력이 제한되어 메타인지를 잘 활용하지 못합니다.

그러므로 임산부로서 메타인지를 발달시키고 활용하는 것은 임신기를 보다 유연하고 안정감 있게 보낼 수 있도록 도와줍니다. 또한 인식의 변화와 함께 올바른 생각을 가진 엄마로서 준비되도록 이끌어줍니다. 다음은 메타인지를 발달시킬 수 있는 방법으로 활용되는 예시로서 임산부의 상황에 적용할 수 있습니다.

- ♥ 목표를 설정하고 계획하기 임산부로서 건강한 출산을 위해 목표를 세우고 계획할 수 있습니다. 자신에게 적당한 목표는 무엇인지 스스로 생각하며, 실천을 위해 내가 좋아하는 것과 태아를 위한 것을 구분해보고 목표에 잘 맞는지 생각해봅니다.
- ♥ 모니터링하기 임산부로서 몸과 마음을 모니터링하면서 과거와 현재재의 변화를 살펴보고 나의 상태를 객관적으로 이해할 수 있습니다.
- ♥ 평가하고 수정하기 남편이나 부모님 또는 시부모님 등과의 관계에서 현재 생각을 평가하고 잘못된 이해나 관계 패턴을 수정합니다.
- ♥ 예측해보기 태아에 대한 임신 정보를 사용하여 미래를 예측합니다. 올바른 예측을 위해서 자신과 태아에 대한 모니터링과 정보에 대한 올바른 평가와 수정이 도움이 됩니다.

임신 week 19

극복해야 할 완벽주의

완벽을 추구하고자 하는 인간의 성향은 누구나 가지고 있는 자기완성을 향한 본능입니다. 비교 능력이 막 발달한 어린아이라고 할지라도 비교를 통해 보다 나은 것을 추구하려는 선택을 합니다. 임신 기간을 보다 잘 보내기 위한 것도, 보다 나은 출산을 위해 준비하는 것도 넓은 의미에서 완벽을 추구하는 행동입니다.

또한 꾸준한 노력을 통해 자신의 분야에서 다른 사람보다 뛰어난 사람들을 우리는 전문가라고 부르는데 전문가가 된다는 것 역시 완전을 추구한 결과로 얻은 명칭입니다. 그러므로 완벽을 추구한다는 것이 부정적인 것만은 아닙니다.

그러나 어떤 사람들에게는 완벽한 것이 삶을 파괴합니다. 완벽을 추구하는 것이 자칫 자신의 삶을 메마르고 피폐하게 만들기도 합니다. 또한 완벽함에 대한 집착은 다양한 심리장애를 유발하여 자신과 타인의 삶의 질을 떨어뜨립니다.

이렇듯 완벽주의는 크게 두 가지 카테고리가 존재합니다. 긍정적인 또는 기능적인 완벽주의 그리고 부정적인 또는 역기능적인 완벽주의입니다. 임산부로서 아기와의 안정애착을 형성하기 위해 엄마가 극복해야 할 완벽주의는 바로 '부정적/역기능적 완벽주의'입니다. 역기능적 완벽주의는 두드러진 특징이 두 가지 있습니다.

한 가지는 어떤 생각을 집착하면서 떠올리는 강박적 묵상(ruminative thoughts)입니다. 현재 집착하고 있는 상황에 대해서만 집중하기 때문에 그 외의 현실상황을 수용하거나 현재의 만족감을 누리지 못하게 만듭니다. 심할 경우 자신을 '그 생각의 감옥' 에 집어넣어 옴짝달싹 못하게 합니다.

또 한 가지 특징은 극단적이고 무조건적인 생각(categorical thinking)입니다. 편견 같은 것으로 생각이 한쪽으로 치우쳐진 상태입니다. 그래서 완벽주의자는 흑백 논리적 사고의 경향이 큽니다. 부정적 완벽주의자들이 자신의 부정적인 상황을 극심하게 염려하거나 실수나 실패를 힘들어하는 이유가 여기에 있습니다.

역기능적 완벽주의는 사람의 유형에 따라 다시 다음과 같이 세 유형으로 나눌 수 있습니다. 첫째는 자기중심적 완벽주의자입니다. 과도하게 높은 목표를 설정하여 거기에 맞춰 사는 유형입니다. 자기비판이 심하여 우울증에 걸릴 확률이 높습니다.

둘째는 외향적 완벽주의자입니다. 자기중심적 완벽주의 유형과는 반대로, 타인에게 완벽을 강요함으로서 자신은 완벽주의자가 아니라고 생각하기 쉽습니다. 이 유형은 유형적 특성 때문에 대인 관계를 실패하거나 그르치기 쉽습니다.

셋째는 타인의 기대에 자신을 복종시키는 완벽주의자입니다. 주변 사람들, 특히 부모님과 같은 중요한 타인의 요청이나 기대에 필사적으로 맞추려는 유형으로 이들에게는 도덕적 기준이 높고 정의감이 뛰어난 특징이 있습니다.

하지만 앞서 말한 바와 같이 완벽주의에는 부정적인 의미만 있는 것이 아닙니다. 또한 직업상 완벽을 요구하는 직업도 많습니다(의사, 건축사 등). 그러나 삶의 행복과 건강을 해치는 완벽주의라면 반드시 극복해야 합니다. 다음 내용은 완벽주의의 객관적 평가를 위한 기준입니다.

- 실수한 것에 대한 자책과 걱정
- 자신의 높은 평가 기준
- 부모의 높은 기대
- 부모의 지나친 비판과 부정적 평가
- 자신이 한 행동에 대한 의심
- 지나친 정리정돈

그렇다면 역기능적 완벽주의의 근원은 무엇이고 어떻게 극복할 수 있을까요? 다양한 원인이 작용하겠지만 숨겨진 가장 큰 원인은 '불안'입니다. 특히 인간관계나 현실상황에 대해 '예측할 수 없다'는 불안이 생기면 완벽해야 문제가 해결될 것이라고 생각하기 쉽습니다.

완벽주의는 어린 시절 부모의 양육과도 관계가 있습니다. 변덕스럽고 감정 기복이 있는 부모가 아기를 양육할 경우 아기는 부모의 예측할 수 없는 양육 태도에서 어떤 모습이 진짜 부모인지 혼란스럽습니다. 사랑을 표현하면서 충분한 돌봄을 제공해 주다가도 어느 순간 폭발하면서 아기를 다그치면 어떻게 부모를 대해야 하는지 혼란스러워서 사랑할 수도 없고 미워할 수도 없는 애증 관계를 형성합니다. 그리고 아기는 변덕스러운 부모를 만족시키기 위해 자신이 완벽해야 한다는 강박관념을 갖게 됩니다.

실제로 애착 유형에서 안정 유형의 사람들은 긍정적인 완벽주의 성향이 강하지만, 불안정애착 유형은 부정적인 완벽주의 성향이 강합니다.[25] 특히 '불안'을 보다 많이 느끼는 불안정집착 유형일수록 대인관계에서 소속감을 느끼면 완벽한 관계라고 인식하지만 그렇지 못할 경우 수치심을 느낍니다.[26]

결국 완벽주의를 극복하는 것은 불안과 긴장을 풀어주는 것입니다. 임산부는 성격적으로 불안을 느낄 수도 있지만 임신에서 오는 긴장과 불안도 큽니다. 그것이 어떤 경우이든 완벽주의 성향이 있다면 현재 내가 느끼는 불안이 어떤 것들이 있는지, 어디에서 왔는지 살펴보는 것이 좋습니다. 그리고 모든 상황을 '완벽하게' 통제해야 마음이 편하다고 생각하기보다는 이만하면 충분하게 했다고 생각하는 마음의 여유를 두는 것이 필요합니다.

다음은 불안과 긴장으로 만들어진 부정적 완벽주의를 극복하도록 돕는 방법입니다.

- ♥ **기준 낮추기** 먼저 자신의 기준과 타인을 바라보는 기준을 낮추어서 완벽주의에 대한 강박관념과 자기 비난에서 벗어나기를 시도합니다. (예: "완벽하지 않아도 괜찮아! 그럴 수도 있지!")
- ♥ **메타인지 활용하기** 메타인지를 활용하여 완벽주의를 일으키는 생각을 수정합니다. (예: "이 정도만 해도 충분하지 않을까?" "나는 왜 완벽하려고 할까?")
- ♥ **수용하기** 실수에 대한 수치심을 수용하고 타인의 실수에 대해 공감하려고 시도합니다. (예: "실수할 수도 있어. 다른 부분은 잘 해냈잖아")
- ♥ **안정감의 대상 만들기** 신뢰를 형성하여 안정감을 경험하는 대상(배우자, 친구 등)과 지속적으로 관계를 유지하여 마음을 나누면서 상대방의 마음을 공감해야 합니다.
- ♥ **용기 내어 다가가기** 예측 불가능하여 긴장된 관계를 형성했던 대상을 피하지 않고 다가가서 자신이 완벽하지 않아도 되며 상대방의 마음을 만족시키는 것은 불가능하다는 것을 인식하고, 안정감을 만들어 가는 것입니다.
- ♥ **장기적으로 바라보기** 완벽주의는 태도이므로 그것을 극복한다는 것은 자신에게 익숙한 삶의 방식을 바꾸는 것입니다. 긴장하면 실수가 많아지고 근시안적인 태도가 발달합니다. 비록 실수하더라도 수용하여 서서히 변화되도록 장기적으로 자신을 보는 여유가 필요합니다.

예측 가능한 엄마가 좋아!

익숙한 환경이 편한 것은 그 환경을 예측할 수 있어서 그렇습니다. 집에서 마트로 가는 길은 익숙합니다. 아파트에서 나와 놀이터를 지나 큰길로 걷다가 버스를 타고 세 정거장을 지나서 내리면 바로 마트가 나온다는 것을 경험으로 알고 있어 예측하기 때문입니다.

하지만 일본어를 모르는 사람이 처음 일본의 낯선 지역을 혼자 여행한다는 것은 다른 이야기입니다. 공항에서 똑같이 버스를 타야 하지만 마트를 가려고 버스 타는 것과는 전혀 다른 경험입니다.

숙소까지 몇 정거장을 가야 하는지 교통 지도를 보면 알겠지만 숙소까지의 여정이 편안하지 않습니다. 거리의 글자도 무슨 의미인지 모르겠지만 사람들이 주고받는 말도 알아들을 수 없습니다. 모든 것이 낯설고 긴장됩니다. 예측할 수 없기 때문입니다. 지금까지 머리에서 알던 익숙한 상황에서 예측가능성이 제거되어 긴장되고 편하지 않은 것입니다.

인간관계를 경험하는 것도 이와 마찬가지입니다. 여러 번 만나면서 그 사람의 태도를 경험하면 그에 대해 익숙해집니다. 행동을 예측할 수 있기 때문입니다. 하지만 감정에 따라 또는 상황에 따라 태도가 변하면 행동을 예측하기가 힘듭니다. 그런 사람과 관계할 때는 어느 장단에 맞춰야 할지 몰라서 관계에서 쉽게 갈등이 일어날 수 있습니다.

두뇌는 예측하고 기대하는 일이 일어나야 안정감을 찾고, 안정감이 있어야 자유롭게 행동하거나 창의적으로 생각합니다. 예측이 어려우면 긴장하여 올바른 판단도 어렵고 감정을 일으키는 두뇌 부위가 활성화되어 관계에서 갈등이 일어납니다.

태아의 관점도 마찬가지입니다. 엄마 몸과 마음 상태가 좋아 영양 공급이 일정하고 감정이 안정된 상태라면 태아의 뇌 역시 안정감 있게 발달하지만, 엄마 몸이 좋지 않거나 정서가 불안정하여 잦은 분노나 불안으로 혈중 아드레날린 수치가 올라간다면 태아 역시 안정감 있는 엄마를 예측할 수 없어, 감정을 담당하는 두뇌 시스템이 자주 활성화되고 결국 감정에 취약한 뇌구조로 발달됩니다.

그러므로 임산부 관점에서 몸과 마음을 잘 관리하는 것은 임산부 자신도 좋지만 태아에게도 엄마를 예측할 수 있기에 좋습니다.

예측한다는 것은 사람에게 편한 마음을 주지만 다른 한 편으로 자율성도 제공합니다. 예를 들어 마트에서 다시 버스를 타고 집으로 돌아올 때 다른 곳을 들러 구경하다가 올 수도 있습니다. 자유롭게 다른 곳을 들러도 집으로 돌아가는 상황을 예측해서 전혀 불안하지 않습니다. 하지만 일본이 처음인 여행객처럼 상황 예측이 불가능하면 자율성이 제한됩니다. 긴장해서 오로지 계획했던 목적지까지 가는 것만 집중하여 다른 곳을 돌아 볼 여유가 없습니다.

마찬가지로 내가 예측 가능한 엄마가 되지 않으면 아기는 생존에 대한 긴장때문에 아기가 관심을 끌 만한 대상을 가지고 탐구하고 놀 만한 여유가 없습니다. 활발하게 세상을 탐험하고 관심을 가지고 학습하기보다 엄마를 예측하기 위해 애쓰면서 불안정한 관계로 엄마에게 집착할 수 있습니다.

그러므로 출산 이후 아기가 엄마를 예측하도록 엄마 자신을 준비하는 시간이 바로 '임신기'입니다. 임신기 동안 엄마가 안정된 마음일수록 뱃속 태아도 안정된 엄마를 예측하며 만남을 준비하게 됩니다.

그렇다면 뱃속의 태아를 위해 어떻게 예측 가능한 엄마로 준비해야 할까요? 다음에 제시된 활동이 도움이 될 것입니다.

- ♥ **규칙적인 생활하기** 임산부의 규칙적인 수면과 양질의 식사는 태아에게 중요한 역할을 합니다. 규칙적인 수면은 엄마의 피로가 회복되는 시간이기도 하고 태아에게 산소와 혈액을 공급받으며 안정된 성장을 이루는 시간입니다. 규칙적인 식사 역시 태아에는 엄마로부터 규칙적으로 영양을 공급받아 엄마를 예측하게 됩니다.
- ♥ **배우자와 친밀 관계 유지하기** 배우자와 친밀한 관계는 임산부의 태아애착과 깊이 관계합니다. 배우자와의 관계가 좋을수록 임산부는 효과적인 정서 조절이 가능하여 태아 역시 안정감 있는 엄마를 예측하게 뇌가 구조화됩니다.

연구에 따르면 배우자에게서 돌봄을 공급받는 것을 좋아하는 임산부보다 오히려 배우자를 돌보는 마음을 가진 임산부에게서 안정애착 유형이 더 많았으며, 이는 태아의 애착 유형 형성에 영향을 미친다고 설명합니다.[27] 임산부의 마음이 안정될수록 태아뿐만 아니라 주변을 돌볼 수 있는 마음의 여유가 생긴다는 것을 말합니다. 그리고 그러한 태도는 태아가 안정애착을 형성하도록 돕습니다.

♥ **일기와 기록하는 습관들이기** 예측하는 것은 과거보다 미래에 해당하는 말입니다. 하지만 과거부터 현재까지의 과정은 미래를 예측하는데 결정적인 정보를 제공합니다. 예측 가능한 엄마가 되려면 일기와 기록을 습관화하기를 추천합니다.

일기는 과거의 자신을 돌아보고 현재를 비교하는 자료가 될 뿐만 아니라 미래의 자신을 예측하면서 방향을 유지하거나 수정하는 도구로 활용할 수 있습니다.

기록 습관은 몸 상태나 감정 상태 또는 태아의 활동 상태를 기록하여 건강한 출산을 준비하는 도구로 활용할 수 있습니다. 이러한 습관은 출산 이후 아기와의 안정애착 형성을 위해 좋은 선택입니다.

임신 week

21

자아존중감

자아존중감은 한 인간으로서 자신의 가치를 스스로 측정하며 나를 어떻게 느끼고 있는가에 대해 주관적이고 감정적으로 판단하는 것을 말합니다. 그러므로 자아존중감이 높다면 “나는 사랑받을 만한 가치가 있어”, “나는 유능한 사람이야” 같은 긍정적인 자기 판단을 하지만, 자아존중감이 낮을 경우 “나는 사랑받을 자격이 없어”, “나는 쓸모없는 사람이야” 같은 부정적인 자기 판단을 합니다.

자아존중감은 오랜 시간 축적된 자신에 대한 평가이며 동시에 지속적으로 발달하면서 일생에 걸쳐 변하는 자기평가입니다. 자아존중감은 과거로부터 타인(특히, 부모)과의 관계 속에서 내가 어떤 대우를 받아왔는지에 따라 서로 다른 형태로 형성됩니다. 즉 타인에게 좋은 대우를 받으며 성장할수록 ‘나는 사랑받을 만한 사람, 인정받는 사람’ 등 긍정적인 자아상을 형성하지만 부정적인 대우를 받으며 성장할수록 '나는 쓸모없는 사람, 형편없는 사람' 등 부정적인 자아상을 형성합니다.

결국 자아존중감은 자아상에 대한 평가로서 얼마나 자신에게 만족하는가에 따라 긍정적으로 평가되거나 부정적으로 평가됩니다.

자아존중감이 임산부에게 미치는 영향은 다양합니다. 먼저 자아존중감이 높은 임산부일수록 산후 우울감을 겪을 확률이 낮으며, 아기가 처한 어려움을 감지하는 능력은 높습니다.[28] 일반적으로 자아존중감이 높을 경우 긍정적인 태도와 공감능력이 높아 우울감 해소에 관여하며 타인을 돌보는 데 민감합니다.

또한 애착 유형에서 안정애착을 형성한 임산부일수록 자아존중감이 높습니다.[29] 자신의 자아상에 만족할수록 마음의 상태가 안정되어 애착 관계에서도 건강한 관계를 유지하고 있다는 것을 나타냅니다.

반면에 자아존중감이 낮은 임산부는 다양한 어려움에 직면할 수 있습니다. 먼저 낮은 자아존중감은 자아상에 만족하지 못해서 임산부 자신은 물론 뱃속의 태아를 돌보는 데도 미숙합니다. 임신으로 인한 몸의 변화에 대해 수용하지 못하고 좌절하거나 원망하면서 그 원인을 태아에게 돌리기도 합니다.

자아존중감이 낮을수록 감정을 표현하지 못하거나 솔직하지 못해 적절한 도움을 제때 청하지 못하여 어려움을 견디는 경향이 있습니다. 스스로 고립시키면서 주변에 아무도 없다고 느끼기도 합니다. 결국 왜곡된 생각과 솔직하지 못한 감정은 관계를 힘들게 하면서 산전 및 산후 우울감의 원인이 됩니다.

가장 안타까운 것은 자아존중감이 낮을수록 긴장이나 분노 같은 부정적인 감정을 조절하지 못해서 임신기의 다양한 생활변화에 감정으로 반응하여 태아와의 친밀감 형성을 방해하기 쉽다는 것입니다.

또한 낮은 자아존중감은 출산 이후 아기와의 애착 관계에도 부정적인 영향을 미칩니다. 아기에 집중하기보다는 엄마 자신의 불만에 집중한다든지, 아니면 아기에게 감정 조절이 안 된 채 양육하기 때문입니다.

그러므로 임산부의 자아존중감은 임신기는 물론 출산 이후 생활에 영향을 미칩니다. 자아존중감이 낮다면 지금부터라도 관심을 두고 자기를 관리하는 것이 좋습니다.

일반적으로 자아상에 대한 주관적인 평가는 성장하면서 좋아지는 특징이 있습니다. 어릴 때와는 다르게 자신에 대한 수용력이 커지고, 성품 역시 성장하면서 성숙하기 때문입니다. 하지만 자아존중감이 낮아 임신기에 어려움을 느낀다면 다음과 같은 활동이 도움이 됩니다.

- ♥ **자아상에 대한 기대 낮추기** 자신을 긍정적으로 보는 시각 변화를 위해 자아상에 대한 기대를 낮춰야 합니다. 비록 자신이 만족스럽지 못하더라도 "완벽하지 않아도 괜찮아", "실수할 수도 있어", "남을 위해 열심히 했으니 나를 위해 쉬는 것도 좋아"와 같은 위로의 말을 해야 합니다. 이러한 말은 자아상에 대한 긍정적인 시각 변화를 유도해서 자아존중감 향상에 효과적입니다.
- ♥ **긍정 자원 확인하기** 자신이 가진 긍정적인 자원을 확인하고 숨겨진 장점을 찾아 자신의 가치를 높여야 합니다. '나의 장점 100가지

목록'을 작성하거나 과거에는 잘했는데 지금은 잊고 살았던 재능이 나 자원을 기억하여 실천하는 것도 좋은 방법입니다. 큰 장점도 좋지만 사소하다고 느끼는 자원이 오히려 나에게 더 큰 만족감과 안정감을 제공할 수 있습니다.

♥ **가족의 협력** 가족의 지지나 공감, 또는 긍정적인 경험을 하도록 돕는 역할은 임산부의 자아존중감을 높이는 좋은 조건입니다. 임산부와의 잦은 대화 기회를 통해 가족은 다양한 기회를 만들 수 있습니다. 서로 말하지 않고 마음속에 묻어두는 것은 좋지 않습니다. 특히 오해가 생길 경우 관계가 서운할 수 있으며 임산부의 자아존중감을 떨어뜨립니다.

애착 박사가 함께하는 Q & A

Q. 둘째가 태어나는데 첫째 아이를 어떻게 대해야 할까요?

A. 태생 순위에 따라 아이들은 서로 다른 경험을 합니다. 첫째 아이의 경우 출생 이후 부모의 사랑을 독차지하며 관심을 받습니다. 하지만 둘째가 태어나는 순간 자신을 향한 돌봄과 관심이 갑자기 동생에게로 자리 이동하는 현실을 지켜보아야만 합니다. 심리학자 아들러(Adler)는 이러한 첫째의 처지를 '폐위된 왕'이라고 표현했습니다. 많은 엄마들이 첫째를 안타까워하면서도 어찌해야 할지 혼란스러워합니다.

임신기부터 둘째와 관계를 맺어줍니다.

임신으로 배가 불러오면 첫째와 자연스런 대화를 통해 둘째에 대한 소식을 알려줍니다. 엄마의 신체 변화에 대해 첫째가 호기심을 갖는다면 소통하기는 더욱 쉬워집니다. 배를 만져보게도 하고 인사도 나누어보게 하면서 자연스럽게 둘째를 인식하도록 도와줍니다.

출산 기간 엄마와의 분리를 최소화합니다.

분만을 위해 엄마가 병원으로 가면 첫째는 갑작스럽게 분리를 경험합니다. 아빠가 돌볼 수도 있지만 많은 경우 아빠도 엄마와 함께 병원으로 가야 하므로 첫째는 친인척의 손에 맡겨지기가 쉽습니다. 분리가 필연적이지만 가능한 기간은 최소화하는 것이 좋습니다. 특히 첫째가 24개월 이하의 영아라면 분리가 길어질 경우 '버림받음'으로 여겨질 수 있습니다. 어릴수록 엄마가 동생과 함께 다시 온다는 미래석 개념을 이해하지 못해서입니다. 또한 분리가 2주 이상 장기화되면 첫째의 마음(24개월 이하일수록)은 분리가 충격이 되고 출산 이후 갑자기 나타나는 엄마가 생소하게 느껴집니다.

첫째와 둘째의 균형을 잡아야 합니다.

출산 이후 엄마는 두 명을 동시에 돌봐야 하는 스트레스 가중 상태를 경험합니다. 더욱이 자신의 몸도 회복해야 하는 시기이므로 타인의 지원이 절실합니다. 자녀양육은 첫째도 중요하고 둘째도 중요합니다. 대부분 둘 다 엄마와의 애착 기간을 지나고 있기 때문입니다. 둘째가 태어나면 자연스레 첫째와 이전처럼 시간을 보내는 것은 불가능해집니다. 그러므로 가급적 엄마의 둘째 돌봄을 첫째와 함께 진행하면서 첫째와의 시간을 확보하는 것이 좋습니다. 둘째가 어리다고 둘째 양육에 지나치게 올인하다보면 첫째를 다그치게 되고, 첫째의 서툰 손놀림에서 나오는 실수를 자주 혼내기 쉽습니다. 그러면 첫째가 상처받기도 하지만 둘째와의 형제 관계가 좋지 않게 되어 결국 부담은 엄마의 몫으로 돌아갑니다.

교감

임신 week 22

엄마가 교감하는 태아

교감의 한자 '交感'은 느낌이나 감정을 교환한다는 의미를 담고 있습니다. 그러므로 교감이 가능하다는 것은 나와 똑같은 인격으로 서로 소통이 가능하다는 것입니다. 내 뱃속에 태아가 없다면 교감 자체가 불가능합니다.

그러므로 엄마가 태아와 교감한다는 것은 세상의 새로운 존재와 느낌과 감정을 교환하면서 서로 연결되는 황홀한 소통입니다. 교감은 태아를 알아가는 과정이며 나의 감정을 전달하며 친밀감을 형성하는 과정입니다. 태아와의 교감은 엄마의 모성애와 태아의 애착본능이 있기 때문에 가능합니다.

사실 임신 초기에 태아와 교감한다는 것을 실감하기 어려울 수 있습니다. '사람'이 되어가는 초기 태아의 모습을 보면 교감을 시도하는 엄마의 다양한 자극에 대해 태아가 반응하는 것이 가능하지 않다고 생각하기 때문입니다.

하지만 비록 알아듣지 못하고 자극에 반응이 없더라도 엄마와 태아가 교감할 때 가장 큰 효과는 엄마의 자극과 함께 태아가 성장한다는 점입니다. 더구나 임신기 내내 가장 빠른 속도로 성장하는 신체기관이 두뇌라면 엄마의 자극이 얼마나 중요한지 예측할 수 있습니다.

태아의 뇌는 임신 4주에 이미 기본적인 구조를 갖추고 임신 중기에 태아의 겉모습이 사람의 모양을 갖추면서 무려 1천억 개의 뇌세포를 만들어 기억이나 정서 같은 다양한 뇌기능을 발달시킵니다. 특히 두뇌는 무엇보다 자극을 통해 발달하는데 임신 중 태아가 자궁 속에서 경험하는 엄마와의 교감은 뇌 발달에 핵심적인 역할을 합니다.

그렇다면 태아의 관점에서 어떤 경험이 중요하게 작용할까요? 사실 임신기에 태아가 경험하는 자궁 속의 생활은 외부 자극보다 엄마의 내부적인 자극, 즉 내분비계 자극이나 영양분 공급 같은 내적 환경이 중요합니다.

태아에게 자궁이라는 장소는 빛이나 소리 등 외부 환경이 차단되고 따뜻하게 유지되는 자신만의 공간이라는 특징이 있습니다. 실제로 조산아의 경우 인큐베이터의 환경이 자궁같이 외부 자극이 최대한 차단된 환경일 때 그곳의 아기가 그렇지 못한 환경의 아기보다 더 건강하게 성장하고 IQ검사도 높게 나타난다는 보고도 있습니다.[30]

이러한 의미에서 태아는 소리나 빛 같은 자극보다 따뜻하고 안정감 있는 환경이 더 중요하며, 이러한 환경은 엄마가 공급하는 양질의 영양분과 임신기에 태내에서 경험하는 엄마의 긍정적인 정서에서 얻을 수 있습니다. 특히 임신기에 엄마가 태아를 생각하며 느끼는 기쁨과 감사, 평온함과 행복감 등은 태아와의 교감을 일으키며 태아의 정서발달을 돕습니다. 임산부의 즐거움에서 흘러나오는 호르몬과 신경전달물질이 태아에게 전달되어 영향을 주기 때문입니다.

결국 태아와의 교감에서 핵심 포인트는 어떻게 엄마가 가진 행복을 태아와 '함께' 나눌까에 있습니다. 즉 엄마가 느끼는 기쁨, 즐거움, 보람, 사랑, 등을 태아와 함께 느낄 때 교감이 이루어집니다.

♥ 임산부가 좋아하는 취미 활동을 태아와 함께 나누는 것도 좋은 교감이 됩니다. 그러나 임산부는 클래식 음악을 싫어하는데 태아를 위해 자신을 희생하겠다고 클래식을 듣는 활동은 바람직하지 않습니다. 반대로 태아는 생각하지 않고 임산부만을 위해 시끄러운 음악을 듣는 것도 바람직하지 않습니다.

♥ 운동을 통해 태아와 교감할 수 있습니다. 적절한 운동은 태아에게 좋은 자극이 됩니다. 특히 숲을 걷는 산책은 운동에 대한 유익뿐만 아니라 신선한 공기와 환경이 주는 엄마의 즐거움을 태아와 함께 나눌 수 있습니다. 산책 외의 운동으로 걷기와 수영을 들 수 있습니다. 그러나 무리한 운동은 금물입니다. 특히 임신 초기에는 운동을 자제하는 것이 좋습니다. 태아에게 공급되는 산소를 제한하고 태아의 체온을 증가시켜 유산, 뇌 기형 등의 가능성을 증가시키기 때문입니다. 아무리 임산부가 운동을 좋아한다고 해도 태아를 생각하지 않는 무리한 경우는 역효과가 발생합니다. 높은 산을 등산한다거나, 스킨스쿠버, 더운 날씨의 운동 등은 피해야 합니다. 하지만

올바른 상황에서 꾸준한 운동은 진통과 분만시에 효과적입니다.

- 그 외에 다양한 활동을 통해 태아와 교감할 수 있습니다. 어떤 활동이든 태아와 나눌 수 있는 즐거움과 깊은 사랑이 전달된다면 좋을 것입니다.

임신기에 가능하다면 피해야 할 환경도 있습니다. 임신기는 태아의 뇌세포들의 왕성한 활동이 이루어지는 기간입니다. 그런데 임산부가 스트레스를 받는다면 태아의 뇌 발달을 위한 왕성한 활동에 방해됩니다.

다음과 같은 상황은 임산부에게도 태아에게도 좋지 않고, 무엇보다 교감을 이룰 수 없어서 뇌 크기를 축소시키거나 IQ, 운동능력, 집중력, 교감능력을 현저히 떨어뜨리는데 출생 후 6세가 되면 뚜렷하게 나타납니다.

- 만성적이고 지속적인 스트레스 : 만성질병, 극한 직업, 사회적 자원부족, 가난 등
- 극심한 스트레스 : 자연재해, 별거 또는 이혼, 배우자 사별, 강력범죄의 피해 등
- 임산부의 선천적 불안지수가 높아 쉽게 스트레스를 받거나 우울증, 불안장애 같은 심리장애가 심각한 경우

임신 week 23

아빠가 교감하는 태아

임신은 남편이 경험할 수 없지만, 그렇다고 상관없다고 할 수 없습니다. 사실 임신 중 남편의 역할은 중요합니다. 임신 중인 아내에게 남편의 역할은 아내를 위한 것이면서 동시에 태아를 위한 것이기도 합니다.

그래서 좋은 아빠가 된다는 것은 출산 이전 태아와의 교감 활동에서 시작됩니다. 임신기에 아빠가 전하는 모든 관심은 태아와의 교감으로 이어지면서 좋은 아빠가 되는 연습이기도 합니다. 아빠가 함께하는 태교의 중요성은 이미 오래 전부터 강조되어 왔습니다. 『태교신기』에서도 아빠가 태교의 책임이 있다고 기록되어 있습니다.

또한 현대 과학은 아빠의 역할이 태아의 안정감 형성에 중요하다는 사실을 증명하기도 했습니다. 그러므로 엄마처럼 태아와 직접적으로 연결되어 영향을 주지는 않지만 아빠의 태교는 여전히 강한 영향을 미친다는 사실을 기억해야 합니다.

이미 살펴보았듯이 교감이란 태아의 뇌 발달에 깊은 관련이 있습니다. 그래서 엄마뿐 아니라 아빠와의 교감 역시 태아의 뇌 발달에 중요한 자극이 됩니다. 태아는 엄마를 통해 영양분은 물론 다양한 정보를 수용하게 됩니다. 결국 엄마의 환경에 따라 태아의 태내 환경이 결정되는 것입니다.

태내 환경이 태아의 출생 이후 삶에 영향을 미친다는 사실은 많은 연구를 통해 증명되었습니다. 중요한 것은 태내 환경 조성은 엄마만의 몫이 아니라는 사실입니다. 엄마의 환경을 보다 안정되고 건강하게 만드는 데 아빠의 도움이 필요합니다.

아빠 역할(fathering)이 엄마 역할과 다른 것은 마치 남자와 여자의 차이와 같아서 임신기에 아빠가 태아와 교감하는 것은 엄마와 교감하는 것과는 다릅니다. 그리고 임신기에 아빠의 역할은 출산 이후 아빠로서의 마음과 태도를 준비하는 것이라고 볼 때 중요한 의미가 있습니다.

특히 태아와의 교감을 통해 태아와 친숙해지는 것은 매우 중요한 아빠의 역할입니다. 그렇다면 아빠와 태아와의 교감은 어떻게 할까요? 아빠와 태아와의 교감은 엄마를 중심으로 이루어집니다. 다음과 같은 방법이 태아와 아빠 사이의 간접적인 교감 활동이라고 할 수 있습니다.

♥ 마사지 임신 중기에 아내 배를 마사지하면서 태아와 교감합니다. 마사지는 엄마의 심리적 안정은 물론 친밀감을 증폭시켜서 태아에게 긍정적인 영향을 미칩니다. 비록 태아가 아빠의 마사지를 직접 느끼지 않더라도 아빠와의 교감으로서 충분합니다.

♥ 이야기(태담) 임신 5개월이 지나면 아빠가 태아와 이야기를 나누거나 동화책을 읽어주는 것도 교감 활동입니다. 태아의 감각 기관 중 청각은 임신 5개월이면 성인 수준에 도달합니다. 아빠의 목소리는 청각을 통한 태아와의 교감 활동에 핵심적일 수 있습니다. 하지만 인지적인 능력은 아직 발달하지 않은 상태여서 이야기를 인식하거나 기억하지는 못합니다. 다만 태아의 정서적인 안정감을 형성하도록 도울 뿐만 아니라 출산 이후 아기의 성장에 효과적인 영향을 미칩니다.

태아와의 교감 활동을 위해 아빠는 다음과 같이 생활 속에서 실천해야 합니다.

♥ 배우자와 다투지 않아야 합니다. 아내와의 다툼은 아내에게 다량의 스트레스 호르몬을 분비하게 하여 태아에게 직접 영향을 줄 뿐만 아니라 다투는 소리는 태아의 안정감을 깨트립니다. 특히 소리는 물속에서 전파력이 더 크게 작용하는 물리적 속성이 있습니다. 비록 임산부의 피부와 자궁의 보호막이 다투는 소리의 진동을 완충한다고 해도 태아에게 스트레스로 작용하기에 충분합니다. 그러므로 아내를 최대한 배려하는 마음가짐이 아빠가 태아에게 제공하는 또 다른 교감일 것입니다.

♥ 음주의 절제와 금연입니다. 음주는 집중력을 저하시키고 올바른 행동을 제한합니다. 또한 흡연은 임산부에게 간접적인 흡연 상태입니다. 음주와 흡연 모두 태아와의 교감을 위해 아빠로서 삼가야 합니다.

부부 교감이 태아 교감이다

부부간에 서로 친밀한 관계를 나누면서 결혼생활을 행복하게 만들어 가는 것은 모든 부부가 이루고 싶은 소망입니다. 그러나 결혼만족도에 대한 추이를 살펴보면 임신과 출산을 기점으로 만족도가 감소된다는 것을 발견할 수 있습니다.[31]

결혼만족도가 떨어진다는 것은 부부간의 친밀감이 감소되는 것을 의미합니다. 그러므로 임신과 출산 시기에 부부가 친밀감을 더욱 강화하고 유지하는 것은 위기일 수 있는 결혼생활의 든든한 자원입니다.

최근 연구[32]에 따르면 임신기 부부 친밀감은 태아애착을 높이는 요인이어서 단순히 결혼생활의 행복감을 유지시키는 차원에 그치지 않고 태아와의 교감까지 이끌어내는 중요한 요인입니다.

그렇다면 부부가 친밀하다는 것은 무엇을 의미하며 어떻게 실천할 수 있을까요? 사실 부부간의 친밀감은 다양한 형태로 존재합니다.

먼저 지적인 형태의 친밀감이 있습니다. 지적인 친밀감은 서로 관심사나 현재 사회 이슈, 생활에서 일어나는 다양한 일상을 나누며 느끼는 친밀감을 말합니다. 그러므로 지적인 친밀감이라고 해서 지적 수준이나 전공 분야가 같아야 교감이 가능한 것은 아닙니다. 지적 친밀감을 부부간에 나누기 위해서는 수준의 동등함보다 서로간의 돌봄이 우선입니다. 서로 지적인 성장을 이룰 수 있기를 배려해야 합니다.

임산부는 임신과 출산에 대한 관심이 다른 주제보다 훨씬 강합니다. 그러므로 배우자 또한 사회 이슈와 함께 임신과 출산에 관한 주제에 관심을 가져야 나눌 수 있습니다. 반대로 임산부의 경우 배우자의 관심 주제가 무엇인지 사회에서 일어나는 주요 이슈가 무엇인지 관심을 가진다면 보다 폭넓은 분야를 나눌 수 있습니다.

서로의 감정을 나누고 공감할 수 있는 정서적 친밀감이 있습니다. 정서적 친밀감은 부부간의 감정을 깊이 나누고 진정성을 가지고 경청하면서 서로 감정을 만져주는 것을 말합니다. 유의해야 할 점은 서로 감정을 공감하면서 부부 중 누구든지 통제하려는 태도가 있어서는 안 됩니다. 부부간에 통제하려는 태도가 개입되면 깊은 감정을 나누기 어렵습니다.

또한 사랑을 표현하는 방식을 존중해야 합니다. 사랑을 표현하는 방식은 부부간에 차이를 보일 수 있습니다. 남편은 집안 청소나 설거지 같은 일상생활에서 아내를 생각하고 사랑을 표현할 수 있고, 아내는 스킨십이나 격려의 말로 남편을 생각하고 사랑을 표현할 수 있습니다.

정서적 친밀감은 서로 다른 표현이지만 배우자가 전달하는 사랑을 감지할 때 가능합니다. 그러므로 서로 표현법에 관심을 두어야 하며 배우자가 전달하는 사랑에 반응해야 합니다. 평소 대화에서 사랑을 느끼도록 상대방을 있는 그대로 수용하고 경청하는 태도가 필요합니다.

신체적 형태의 친밀감이 있습니다. 신체적 친밀감은 육체적인 접촉이 사용되는 친밀감을 말합니다. 부부간의 육체적 접촉은 포옹이나 가벼운 스킨십에서 키스나 성관계에 이르기까지 다양합니다. 부부간의 접촉은 정서적인 안정감을 제공하는 것은 물론 신체적 면역력 향상에도 기여합니다.

특히 두뇌는 감각을 통해 강화되고 발달하기에 부부간의 접촉이 반복될수록 서로 생각하는 마음과 느끼는 감정을 강화할 수 있습니다. 결국 신체적 접촉 또는 스킨십은 '감각을 통한 교감'을 말합니다.

임산부의 경우 부부간의 신체적 교감은 임산부의 감정을 진정시킨다는 면에서 유익합니다. 호르몬의 영향으로 감정 변화를 자주 느끼는 상태이므로 부부간의 감정을 교감하는 가벼운 신체적인 접촉은 임산부에게 긴장감을 완화시킵니다.

하지만 임신기란 이전에 경험하지 못한 다양한 증상들이 나타나는 기간이어서 일부의 경우 신체적 접촉을 거부하기도 합니다. 어떤 경우는 성관계만 거부하지만, 어떤 경우는 스킨십 자체를 거부합니다.

이러한 경우 임산부가 배우자를 향한 마음이 바뀌어 교감을 거부하는 것이 아니기 때문에 배우자는 임신기에 나타나는 증상으로 받아들이고 배려하는 자세가 필요합니다. 임신기의 신체적 친밀감은 임산부의 상황에 맞추어 실천하는 것이 좋습니다.

건강한 부부의 친밀감은 지적, 정서적, 신체적 친밀감이 조화를 이루면서 상호 성장을 이끌어냅니다. 또한 부부간의 친밀한 교제를 통해 유대감과 결혼에 대한 만족감을 충족시킵니다.

특히 임신기 부부의 친밀한 교제는 뱃속의 태아와 동시에 이루어진다는 점에서 마치 태아가 증인이기도 합니다. 친밀한 교제를 통해 형성된 부부의 안정감은 태아와의 애착은 물론 출산 이후의 아기와의 친밀한 관계를 형성하는데 기초가 됩니다.

임신 week 25

태아는 자궁 속 교감을 기억할까?

아기가 태어날 때 자궁에서의 경험을 기억하는지에 대한 물음은 17세기 영국 철학자 존 로크(John Locke, 1632-1704)까지 거슬러 올라갑니다. 로크는 저서 『인간 이해에 관한 에세이』에서 인간의 마음은 빈 서판(tabula rasa), 즉 아무것도 없는 백지같이 태어난다고 했습니다. 즉 자궁의 생활은 기억하지 못하며 출생 이후 환경을 경험하고 학습하면서 지성이 발달한다는 뜻입니다.

하지만 신경심리학적인 입장에서의 생각은 그와 전혀 다릅니다. 자궁에서 태아는 외부의 자극에 반응하면서 기억의 흔적을 남길 뿐 아니라 기억을 관장하는 '해마'라는 뇌 부위가 매우 이른 시기부터 형성되어 초보적 기능을 하기 때문입니다.

사실 유전자에 담긴 정보 역시 엄밀히 말하면 기억의 하나라고 할 수 있습니다. 수정(受精)과 함께 마치 우주의 질서와 규칙처럼 정교하게 세포가 분열되고 한 인간이 되어가는 신비한 생명 탄생의 과정은 유전자가 가지고 있는 기억(정보)이 없다면 결코 이루어질 수 없을 것입니다.

하지만 유전자적 정보의 기억은 두뇌 형성 이전의 기억이기에 여기에서 다루는 자궁에서 경험하는 자극에 대한 기억과는 차이가 있습니다. 지금까지 밝혀진 실험에서 자궁의 경험에 대한 태아의 기억은 습관화, 조건반사, 노출 등의 방법으로 남겨질 수 있습니다.[33]

비록 이러한 기억은 '의미'를 부여하는 기억은 아니지만 임신 30~38주의 태아들을 대상으로 진행된 연구에서는 적어도 임신 30주 이상의 태아들은 단기기억이 가능하다는 것이 관찰되었습니다. 특히 임신 34주 이상의 태아들의 경우 약 4주 동안 정보를 저장하는 것도 가능하였습니다.[34]

- ♥ **습관화** 자궁에서 똑같은 자극이 반복될 때 그에 대한 반응이 감소하는 현상을 말합니다. 임신 22주가 되면 태아에게 습관화 현상이 나타납니다.
- ♥ **조건반사** 어떤 소리에 발차기를 하는 태아에게 소리와 진동을 동시에 들려주다가 이후 발차기와 상관없는 진동만 주었는데도 발차기로 반응하는 현상입니다. (16명의 태아들 중심으로 실험). 조건반사는 임신 30주부터 나타나기 시작합니다.
- ♥ **노출 학습** 임산부가 좋아하는 음악을 임신기에 규칙적으로 들었을 경우 출생 이후 아기가 같은 음악에 반응하는 현상입니다. 특히 청각의 경우 임신 3주가 되면 내이(內耳)가 생기고 달팽이관은 임신

12주가 되면 완성되므로 임신 20주가 되면 소리를 인식할 수 있습니다.

그러므로 태아는 자궁에서 엄마와 아빠가 보내는 사랑의 교감을 기억할 수 있습니다. 하지만 의식 가운데 떠올리는 형태로 기억하지 못합니다. 흔히 3~4세 이전의 경험을 기억하지 못하는 것을 '영아기억상실증(infantile amnesia)'이라고 하는데 같은 맥락에서 태내기에 대해 기억하지 못합니다.

하지만 의미나 사건을 기억하지 못한다고 기억 자체가 없는 것은 아닙니다. 어린아이가 친구들과 놀다가 감정이 상하면 흔히 집의 옷장 속에 들어가거나 구석진 곳에서 웅크리고 혼자 있는 모습을 찾아 볼 수 있습니다. 마치 태내기 환경을 연상하는 듯합니다. 성경에는 엘리야라는 선지자가 생명의 위협을 당하자 동굴에서 혼자 있는 시간을 가졌다고 기록되어 있습니다.

두 가지 모두 자기만의 공간에서 상한 감정을 달래며 안정감을 찾으려는 인간의 무의식적 기억에서 파생된 행동이라고 할 수 있는데, 이는 오래전 자궁에서 경험했던 '몸의 기억'을 행동으로 옮긴 것이라고 할 수 있습니다. 그러므로 태아에게 엄마와 아빠와의 교감 활동이 자궁에서 안정감 있는 기억으로 남도록 규칙적이고 반복적으로 교감 활동을 하는 것은 매우 좋은 실천입니다.

임신 week 26

교감과 태아의 뇌 발달

태아의 뇌 발달은 유전과 환경의 적절한 조화 가운데 발달합니다. 유전적 영향의 경우 엄마와 아빠에게서 받은 유전 정보에 따라 기질적인 차이를 보이도록 발달의 방향을 정하기도 하지만 정상적인 모든 태아가 공통적으로 가지는 뇌 발달 과정도 유전의 영향입니다.

예를 들면 신경세포 생성의 경우 약 임신 4개월이면 태아가 태어나서 일생동안 사용될 세포의 대다수가 형성될 뿐만 아니라 세포가 만들어지는 즉시 대뇌피질로 이동하여 자신이 위치할 정해진 자리를 잡습니다. 그런가하면 세포끼리의 연결(시냅스 연결)도 시작되는데 척수에서는 임신 5주부터, 뇌에서는 임신 7주부터 시작하여 생후 1~2년까지 평균 초당 1,800만 개의 시냅스 연결을 만들어 냅니다.

신비하게도 이렇듯 무수히 많은 연결이 이루어짐에도 불구하고 어느 세포도 무분별하게 아무 세포와 연결하지 않으며 세포 자신의 기능에 맞는 세포와 연결을 이루도록 정확한 위치에서 연결을 맺습니다. 이와 같이 이미 정해진 프로그램에 따라 진행되듯 정확하게 연결이 가능하게 만드는 것이 바로 유전의 역할입니다.

태아의 뇌 발달이 이러한 유전에 의해서만 이루어지는 것은 아닙니다. 임신기에 매우 빠르게 생성되는 신경세포는 수많은 가지를 뻗으면서 다른 세포와의 연결을 시작합니다. 연결을 통해 신호를 보내면서 뇌의 지시에 따라 신체를 움직이고 조절하고 통제하기 위해서입니다.

하지만 필요 이상 과도하게 시냅스(연결부)가 만들어지기 때문에 연결된 모든 시냅스를 사용할 수 없으며 모든 시냅스가 평생 끝까지 살아남아 있지도 않습니다. 신경세포에 반복적으로 정보(자극)가 전달되어 활용도가 높은 신경세포와 그 연결부는 살아남지만 그렇지 못한 연결부는 제거되는 소위 '가지치기(pruning)' 과정이 이루어집니다.

사실 신경세포의 가지치기 과정은 태내기보다 출생 이후 환경 자극에 의해 일어나는 것이 보편적입니다. 환경에서 살아가기 위해 필요한 것과 필요치 않는 것을 가려내기 때문입니다. 두뇌는 발달 시점부터 경험에 따라 가변적인 발달을 이루기에 태내기 역시 태내 환경에 따라 가지치기 과정이 이루어집니다.

일반적으로 시냅스의 연결은 약 임신 25주부터 시작하여 생후 8년 동안 진행되지만 시냅스의 제거(가지치기)는 약 임신 25주부터 생후 약 20년에 걸쳐 이루어집니다.

태아의 뇌 발달이 유전에만 의존하지 않는 이유가 바로 여기에 있습니다. 뇌 발달을 위해 인간의 두뇌가 선택하는 가지치기 과정은 유전이 아니라 환경에 의존합니다. 즉 태아의 경우 태내 환경에서 어떤 경험을 통해 어떤 자극을 받는가에 따라 가지치기에서 살아남을 시냅스와 제거할 시냅스를 결정합니다.

또한 살아남은 신경세포와 시냅스들은 자궁 내의 환경에 따라 더 많은 자극을 보다 자주 흘려보내는 강화가 일어나기도 하는데, 그러면서 특정 신경세포와 시냅스들은 튼튼하게 자리를 확보하게 됩니다.

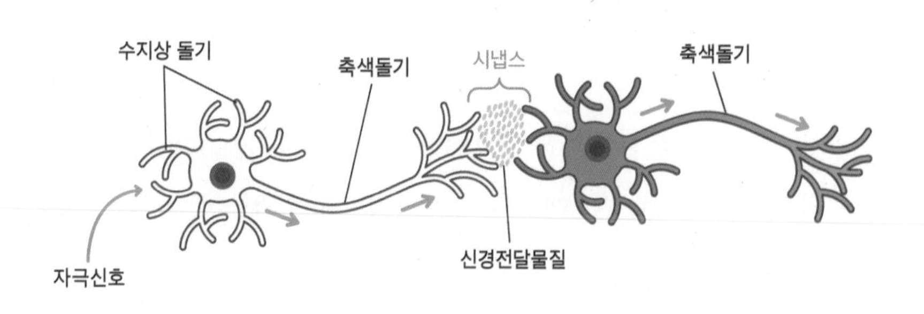

그러므로 태아와의 교감을 통해 이루어지는 태내 환경의 자극들은 태아의 뇌 발달을 위해 매우 중요한 역할을 합니다. 사실상 태아는 외부 환경의 자극에는 상당 부분 차단된 상태에 있기 때문에 엄마가 보내는 눈빛이나 손길을 느끼는 방법으로 시냅스의 '가지치기'에 영향을 주지는 못합니다. 오히려 자궁 내부의 제한된 공간에서 느끼는 자극이나 안정감 또는 엄마가 보내는 내분비적 자극이 어떤 신경세포와 시냅스를 강화시키고 가지치기를 통해 제거할지를 결정하는데 더 큰 영향을 미치게 됩니다.

예를 들면 임산부의 마음이 행복하고 즐거움이 있을 경우 태아와의 교감은 긍정적인 감정을 일으키는 호르몬을 엄마에게 일으키도록 촉진합니다. 이러한 호르몬들은 임산부의 정신 건강을 향상시킬 뿐만 아니라 태아에게도 균형 있는 뇌 발달을 이루도록 도우면서 감정 조절에 관여하는 시냅스를 활성화시키는 환경을 조성합니다.

반면에 임산부가 임신 중에 극심한 스트레스를 받으면 태아의 뇌는 자궁 밖의 상황이 안전하지 않다는 것을 대비하기 위해 성(性) 분화 과정에서 태아가 보다 남성화된 뇌를 가지고 출생하여 자궁 밖의 삶에서 보다 투쟁적으로 살 수 있도록 강한 신호를 보내면서 '가지치기'를 통해 준비시키게 됩니다.

태아와의 교감은 태아의 뇌 발달에만 변화를 일으키는 것이 아닙니다. 엄마와 아빠의 감정과 행동에 변화를 일으킵니다. 엄마는 태아와의 교감에서 엄마의 뇌 속에 있는 프로락틴(prolactin)이라는 호르몬의 영향으로 모성본능이 촉진됩니다.

심지어 임신의 마지막 단계에 이르면 엄마와 태아의 뇌세포에서는 옥시토신(oxytocin)이라는 호르몬을 생산해서 함께 출산을 준비할 만큼 긴밀한 관계를 형성하는데 이 호르몬은 교감을 통해 활성화되는 특징이 있습니다. 엄마뿐만 아니라 아빠의 상황도 다르지 않습니다. 아빠 역시 프로락틴 덕택에 공격성이 줄어들고 앞으로 아빠로 행동하기 위한 준비를 하게 됩니다.

이와 같이 교감은 일방적으로 사랑을 전달하는 것이 아니라 서로 영향을 미치는 강한 특징이 있습니다. 마치 엄마가 아기를 보고 있을 때 아기가 웃으면 엄마의 마음이 즐거워지고 엄마의 웃는 모습이 아기의 마음을 편안하게 하는 일이 동시에 일어나면서 점점 증폭되는 것처럼 비록 태아를 눈으로 보면서 교감할 수는 없지만 부모의 두뇌와 태아의 두뇌 속에서 서로 영향을 주는 다양한 현상이 동시에 일어납니다.

앞으로의 출산을 기대하고 태명을 불러주며 함께 교감해보세요. 엄마 아빠의 마음이 행복해지는 것을 느낄 뿐만 아니라 태아와의 유대감을 높아진다는 것을 느낄 수 있습니다. 태내 환경이 행복하다는 것은 태아의 두뇌 발달이 안정적이라는 것을 의미합니다.

애착 박사가 함께하는 Q & A

Q. 고령임신이 궁금해요.

A. 여성의 평균 초혼 연령이 30세를 넘다보니 고령임신의 비율이 높아지고 있습니다. 고령임신이란 초산 경험과 관계없이 35세 이상의 임신을 말합니다. 고령임신은 출산을 위한 신체적 조건이 양호하지 않아서 보다 세밀한 관리가 필요합니다. 고령임신으로 유의할 점은 체내 대사가 불안정하여 일어나는 증세들을 조심해야 하고 염색체 이상으로 일어나는 기형아 출산에 대비해야 한다는 점입니다.

가장 빈번한 고령임신기의 질환은 임신성 당뇨와 임신중독증 즉 고혈압, 단백뇨, 부종 등의 증세입니다. 임신중독증은 원인이 밝혀지지 않았지만 태아와 산모를 위협하는 고위험 질환으로 임신 20주 이후 진단합니다. 반면에 임신성당뇨는 원래 당뇨가 없던 사람이 임신으로 당뇨 현상이 발견되는 경우로 보통 임신 24주 이후 진단합니다. 둘 다 출산을 통해 정상으로 돌아오지만 관리하지 않으면 산모와 태아에 좋지 않으며 출산 이후 고혈압과 같은 대사성질환에 노출될 확률도 높습니다.

고령임신에서 대표적인 염색체 이상으로 나타나는 증상은 다운증후군입니다. 난자는 정자와 달리 모체가 노화될수록 함께 노화됩니다. 결국 염색체 이상 확률이 높아지고 고령임신의 경우 다운증후군의 발병률이 높아집니다.

이렇듯 챙겨야 할 사항이 많다보니 대부분의 고령임산부들은 걱정과 불안이 많습니다. 통계에 따르면 가장 큰 불안감은 기형아 출산에 있다고 합니다. 그러나 전문가들은 예방을 통해 기형아 출산을 대비할 수 있다고 말합니다. 특히 산전검사와 임신 전부터 엽산 복용을 권장합니다.

이와 관련해 고령임산부들에게 필요한 심리적 준비는 기형아 걱정을 떨쳐 버릴 수 있도록 출산에 대한 자신감을 갖는 것입니다. 임산부의 심리는 불안감에 휩싸일수록 파국적으로 생각이 흘러가는 반면에 자신감을 가질수록 긍정적인 출산을 기대하는 특징이 있습니다. 혼자 있는 시간보다는 배우자와 함께 태어날 아기에 대해 이야기하는 시간을 갖는 것이 좋습니다. 긍정적인 출산을 기대하게 할 뿐만 아니라 부부가 함께 하면서 자신감을 가질 수 있기 때문입니다. 자녀가 있다면 자녀를 보면서 출산의 자신감을 갖는 것도 좋습니다. 고령임신이라면 다음과 같은 가이드라인을 지키도록 노력하세요.

체중 관리를 통해 몸무게가 과도하게 증가하지 않도록 해야 합니다. 자신의 체중보다 12kg이 넘지 않도록 조절해야 합니다. 고령임신일수록 꾸준한 운동으로 체력을 관리합니다.

양질의 음식과 균형 잡힌 식단이 중요합니다. 특히 철분과 엽산 등의 영양소를 충분히 섭취합니다.

부부와의 친밀감을 강화하여 마음의 안정을 유지합니다. 체력 관리든, 음식의 소화든 마음의 안정이 뒷받침되어야 합니다. 좋은 마음과 자신감은 고령임신에서 건강한 출산을 위해 필수적인 요소입니다.

심리 변화

임신 week 27

안정애착을 위한 감정 다루기

여성에게 임신은 많은 변화를 경험하게 합니다. 태아를 가졌다는 사실로 인해 다양한 신체적인 변화를 경험하지만 태아를 보호하고자 하는 강한 모성애와 함께 엄마가 되어가는 과정의 변화를 경험합니다. 그밖에 진로의 변화, 임산부로서 살아가야 하는 환경의 변화, 생리적인 호르몬의 변화 등이 찾아옵니다.

이렇듯 임신과 함께 찾아오는 변화에는 감정 기능이 크게 작용해서 감정을 잘 다루고 조절하지 못하면 다양한 심리적인 어려움을 겪습니다. 특히 임신기에는 각종 호르몬의 영향으로 임신 전에 비해 감정에 쉽게 노출될 수 있어서 감정 변화를 관찰하면서 적절한 조치를 취해야 합니다.

우선 감정에 대한 특징을 살펴봅니다. 감정은 마음에서 무의식적으로 일어나는 반응이면서 동시에 육체적인 반응이어서 감정이 상하면 마음이 불편합니다. 또 육체적인 증상으로 표현되기도 합니다. 그래서 불안하거나 긴장하면 몸이 떨리기도 하고, 분노가 일어나면 심장이 뛰고 혈압이 오르기도 합니다.

또한 감정은 개인에 따라 다르게 양상이 나타납니다. 어떤 사람은 약간만 자극해도 예민하게 반응하여 흥분하는가 하면, 어떤 사람은 흥분할 만한 충격적인 상황인데도 잘 느끼기 못하는 경우도 있습니다.

하지만 이렇게 감정을 억압하고 회피한다고 해서 스트레스를 받지 않는 것은 아닙니다. 이미 두뇌에서는 스트레스 상황에서 나타나는 현상이 그대로 재현되기 때문입니다. 이같이 감정에 민감한 사람이 있는가 하면 피하려는 사람이 있습니다. 감정은 사람이 살아가면서 자신을 표현하는 하나의 방법입니다. 그렇기에 사람마다 표현하는 방식이 다양합니다. 하지만 무의식적으로 일어나기도 해서 그 표현 방식을 바꾼다는 것은 쉽지 않습니다.

애착 연구에 따르면, 감정에 반응하는 개인 차이는 어린 시절 엄마와 가졌던 애착 관계가 어떠한가에 따라 달라집니다. 즉 아직 말을 하지 못하는 아기가 엄마와의 관계에서 말 대신 울음이나 웃음 같은 감정 표현으로 소통하는데 엄마와의 관계에 따라 자기만의 방식을 만들어 간다는 것입니다.

하지만 개인의 감정을 다루는 특징이 후천적인 영향만 있는 것이 아닙니다. 태내 환경에 따라, 유전적인 특성에 따라 결정되는 선천적인 영향도 있습니다. 특히 임신기에 엄마가 감정을 다루는 방식은 출산 이후 아기와의 애착관계에서 그대로 사용될 확률이 높기 때문에 아기에게 선·후천적으로 같은 영향을 미치게 됩니다.

결국 개인의 애착 유형을 결정하는 가장 중요한 조건은 내면의 감정을 어떻게 다루도록 심리적으로 구조화되어 있는가에 달려 있습니다. 임산부가 출산 전에 자신이 감정을 다루는 특징을 살펴보고 필요하다면 변화를 시도해야 할 이유가 바로 여기에 있습니다.

비록 이미 형성된 심리적인 구조에 대해 변화를 시도한다는 것이 쉬운 과정은 아닐지라도 Part 3에서 소개한 실천 사항은 불안정한 감정에 대해 변화를 시도하는데 좋은 조건이 될 수 있습니다.

감정은 특히 생각하는 사고방식(인지적 구조)과 깊이 관련되어 마치 동전의 양면같이 기능하기에 Part 3에 소개된 생각을 다루는 실천 사항은 감정 조절에 많은 영향을 미칠 것입니다.

다음에 소개하는 내용은 Part 3의 실천 사항과 함께 애착 유형별 '감정다루기'입니다. 하나의 새로운 행동이 습관화되고 몸에 익히는 기간으로 평균 66일이 걸린다는 연구가 영국에서 진행되었습니다. 꾸준한 실천으로 새로운 긍정적 행동 하나가 습관화되면 다른 행동과 태도에도 긍정적인 영향을 미치게 되어 전인적인 성장에 도움이 됩니다.

특히 임신기 엄마의 꾸준한 실천은 심리적인 안정에 도움이 되기도 하지만 태아의 혜택이기도 하기 때문에 행복한 임신 기간을 만들기 위한 좋은 선택입니다.

집착형/ 불안형	감정에 직면하기	집착형의 경우 감정이 불러일으키는 생각을 사실 또는 진리로 받아들이는 특징이 있습니다. 내 생각이 오해일 수 있단는 사실을 직면하고 감정을 조절하고 긴장된 몸을 완화시킬 수 있는 활동을 하는 것이 좋습니다.
	생각의 균형잡기	감정이 주는 주관적인 생각이 강해서 객관적으로 보는 시각이 부족합니다. 감정에 치우친 주관적인 생각을 이성적이고 객관적으로 생각하는 습관이 필요합니다. (예: 나에게 남편은 무뚝뚝하고 무례해 보이기만 하는데 그러고 보니 자상한 면도 있네!)
	민감성의 장점 수용하기	집착형의 경우 예민한 성격에 대해 부정적인 조언을 타인에게 들을 수 있습니다. 하지만 민감하다는 것은 사고를 예방하는 장점입니다. 자신의 성격을 장점으로 인정하면서 지나치게 예민하지 않도록 조절하는 노력이 필요합니다.
회피형	역지사지 하기	회피형의 경우 자기 자신을 의지하는 성향이 강해서 타인의 관점을 소홀히 하기 쉽습니다. 타인의 관점을 수용하면서 타인의 감정을 이해하는 노력이 필요합니다.
	대화에 감정단어 활용하기	강한 이성적인 성향 때문에 감정이 메마르게 비춰질 수 있어서 배우자로부터 "당신과 이야기하면 벽보고 대화하는 것 같아"라는 소리를 듣기 쉽습니다. 대화할 때 감정 단어를 섞어 사용하는 습관을 들이는 것이 좋습니다. (예: "당신 말을 듣고 보니 속상했겠네," "혼자 식사해서 외롭지 않았어?" 등)
	약점 직면하기	회피형은 자기중심적이어서 배우자의 충고나 약점을 들을 때 불만을 표시하는 경향이 있습니다. 회피형이 감정을 다스리기 위해서는 약점에 직면하고 수용하는 노력이 필요합니다.
두려움형	관계 시도하기	두려움 유형의 경우 타인을 신뢰하지 못하고 자신에 대해 부정적이어서 타인과 가까워지는 것을 두려워합니다. 또한 상처받을 것을 두려워하여 타인과 친해지고 싶은 마음이 있어도 감정에 솔직하지 못하고 숨기는 편입니다. 두려움 유형에게는 완전한 타인을 기대하거나 자신이 완전해야 한다는 생각보다 '완전한 사람은 이 세상에 아무도 없다'는 사실을 기억하면서 타인과 관계를 시도하는 용기가 필요합니다.
	자신의 벽 뛰어넘기	두려움형 사람들은 자신에 대해 무가치하다고 느끼는 경향이 강합니다. 자신이 세워놓은 높은 기준은 자신에 대해 더욱 위축감을 느끼게 만들기 때문에 기준을 낮춰 작은 일부터 성취감을 느끼도록 자신의 벽을 뛰어넘는 노력이 감정을 조절하는데 도움이 됩니다.

임신 week 28

호르몬과의 전쟁

임신이 몸과 마음을 변화시키는 중심에는 호르몬의 기능과 역할이 있습니다. 임신기는 다양한 호르몬이 작용하여 태아 형성 과정과 성장 과정에 영향을 미칠 뿐만 아니라 임산부의 감정 변화에도 영향을 미치면서 임산부 심리 변화의 주된 원인이 됩니다. 임신 후기로 갈수록 감정의 기복을 경험하기 쉬운데 평소와 다르게 가족간의 작은 자극에도 예민하게 반응하여 갈등으로 번지기도 합니다.

호르몬은 혈액을 통해 순환되는 신체 내의 화학물질이며 몸의 기능을 조절하거나 신체의 각 부분으로 다양한 메시지를 전달하는 기능을 합니다.

무엇보다 감정을 조절하거나 촉진하는 역할을 수행하기 때문에 임산부의 경우 호르몬의 영향으로 인한 감정 변화를 찾아볼 수 있습니다. 물론 감정의 기복이 호르몬의 영향만으로 일어나는 것은 아닙니다. 개인의 성격과 환경의 자극, 인간관계 패턴과 애착 유형 등 다양한 원인이 복합적으로 감정 기복이 일어나게 합니다. 그러므로 만약 임산부의 성격이 예민하여 감정에 쉽게 반응하는 편이라면 호르몬이 감정에 미치는 영향은 더 크게 느껴질 수 있습니다.

이에 더하여 임산부의 호르몬은 태아에게 영향을 주어 생리적 시스템을 변화시킬 수 있어서 태아 발달에 직·간접적인 영향을 미칠 수 있습니다. 수정(受精)과 함께 임신이 되면 임산부의 몸에 다양한 호르몬의 변화가 일어나는데 이 변화는 태아가 출생할 때까지 임신 과정을 주도하거나 보조하면서 태내 환경을 꾸미고 출산을 준비하는 등의 역할을 합니다. 태아 역시 엄마의 호르몬의 영향을 받으며 성장한다는 의미입니다.

그러나 이 과정은 임신과 출산을 위해 임산부의 육체적 환경을 바꾸어 가는 과정이기도 해서 많은 임산부는 변화에 대한 신체적인 증세로 인해 어려움을 겪기도 하고 그에 따른 심리적인 스트레스로 감정적인 혼란을 경험하기도 합니다.

이처럼 호르몬의 영향으로 분명히 커다란 변화를 겪어야 하지만 동시에 임신과 출산이라는 인생에서 가장 아름다운 과정을 순조롭게 진행하게 됩니다. 즉 호르몬의 역할 없이 임신하고 출산한다는 것은 불가능한 일입니다.

임신기의 변화 과정을 이해하기 위해 일반적으로 임신 기간을 3개월 단위(삼분기)로 나눕니다. 각 분기별 특징을 살펴보면 시기에 따라 임산부가 느끼는 변화도 다르며 태아의 성장도 시기별로 다르다는 것을 발견할 수 있습니다.

이때 기능하는 호르몬의 종류도 약간 차이가 있으며 기능도 차이가 있어서 임산부는 각 시기에 따라 서로 다른 반응을 느낄 것입니다. 여기서는 각 분기별로 나타나는 임신기의 특징과 임산부의 감정적인 변화가 호르몬의 기능과 어떻게 연결되어 있는지 살펴봅니다.

제 1 삼분기 마지막 월경주기의 첫날~임신 12주

월경이 멈추고, 임신을 알리는 입덧 현상이 생기며 육체적 피곤 증상이 나타납니다. 또한 유선이 발달하고 유방이 커지면서 통증이 일어납니다. 에스트로겐(estrogen)이나 프로게스테론(progesterone)과 같은 여성 호르몬의 증가로 혈액량이 늘어나는데 특히 자궁과 유방으로 공급되면서 임신 과정을 준비합니다. 또한 프로게스테론(progesterone)과 릴렉신(relaxin) 같은 호르몬들은 태아가 자랄 수 있도록 자궁 근육을 이완시키는 역할을 합니다.

이러한 근육이완 작용은 위장이나 대장 같은 소화기 근육에도 영향을 주어 가슴 쓰림, 구역이나 구토, 변비와 같은 증상을 일으키기도 합니다. 이 시기의 호르몬의 변화는 뇌의 신경전달물질의 분비에도 영향을 미쳐 임신 6주에서 12주경에 감정 변화로 인해 슬프거나 우울하거나 짜증이 나고 심지어 불면증에 시달리기도 합니다.

그러므로 평소 자신의 성격과 감정의 변화를 관찰하면서 심할 경우 전문가를 찾아가는 것이 산후우울증을 대처하거나 예방할 수 있습니다.

제 2 삼분기 임신 13주~임신 26주

이 시기에 접어들면 대부분 입덧 증상은 완화되지만 계속 지속되기도 합니다. 안정기에 접어들어 감정 기복도 호전되는 현상을 보입니다. 육체적으로는 태동을 느끼기 시작하며 몸이 붓는 증상이 나타나기도 합니다. 또한 호르몬의 영향으로 혈관이 확장되어 혈액의 양이 임신 전보다 약 15% 정도 증가하지만 혈류를 안정시켜 혈압을 조절합니다.

하지만 혈장 용적의 증가로 적혈구가 희석되어 나타나는 임신기 빈혈 증상이 일어날 수 있기 때문에 철분 섭취가 중요합니다. 심리적 안정을 위해 취미 활동이나 가벼운 운동 등을 통해 안정된 감정 상태를 유지하는 것이 바람직합니다.

제 3 삼분기 임신 27주~임신 40주

태아의 성장으로 임산부의 체중이 증가하여 어려움을 겪습니다. 불면증과 소화기 계통의 불편감을 호소하며, 무거워진 태아로 인해 무게 중심이 앞으로 쏠리는 현상과 허리 통증을 호소하기도 합니다.

이 기간의 태아는 급격히 체중이 늘어나는 특징을 보이는데 임신 27주에는 700g~800g 정도이던 태아의 체중이 임신 40주 말기에는 무려 3.5kg에 달합니다. 이 시기의 임산부는 무엇보다 수면의 질이 떨어져 육체적, 심리적인 스트레스를 많이 받게 되고, 에스트로겐(estrogen)과 프로게스테론(progesterone)의 수준이 가장 높은 기간이기에 다시 감정 기복이 일어나서 쉽게 슬프거나 우울하거나 짜증이 나기도 합니다.

특히 출산 마지막 주로 갈수록 기분 변화와 출산에 대한 긴장이 커지기 때문에 가족의 수용과 이해가 매우 중요한 시기입니다.

임신기에 작용하는 호르몬

호르몬	특 징
사람융모생식샘자극 호르몬 Human Chorionic Gonadotropin: HcG	•이 호르몬은 시중에서 판매하는 임신측정기에서 임신을 확인하는 데 사용되는 호르몬이며, 소변으로 분비되는 호르몬을 시약으로 검출하는 원리입니다. •임산부의 몸을 쉬도록 하는 기능으로 입덧을 일으키는데 호르몬이 증가하면 구토와 메스꺼움이 심해지는 특징이 있습니다. •임신 첫 2개월 동안 급속히 증가하다가 이후 감소하여 안정 상태를 유지합니다. •에스트로겐과 프로게스테론이라는 호르몬 분비를 촉진시키는 역할을 병행하면서 태아가 자랄 수 있도록 돕습니다.
에스트로겐 Estrogen	•임신 초기에는 사람융모생식샘자극 호르몬에 의해 자극을 받지만 이후에는 태반에 의해 자극을 받아 분비됩니다. •임산부의 자궁을 자라게 도와주며 태아의 장기를 발달시키고 태아가 성장하도록 유도합니다. •혈관확장과 함께 혈류를 증대시키고, 후각을 민감하게 만들며, 피부와 머릿결이 빛나도록 도와줍니다. •임산부의 감정변화에 영향을 미칩니다.
프로게스테론 Progesterone	•에스트로겐과 같이 임신 초기에는 사람융모생식샘자극 호르몬에 의해 자극을 받지만 이후에는 태반에 의해 자극을 받아 분비됩니다. •제1 삼분기에 임산부의 유방에 자극을 주어 모유를 만들 준비를 할 수 있도록 돕습니다. •자궁을 이완시키는 기능과 함께 피로감을 일으키기도 합니다. •제1 삼분기에 높은 수준을 보이다가 이후 안정되는 패턴을 보입니다. •임산부의 감정변화에 영향을 미칩니다.
릴렉신 Relaxin	•자궁을 이완시키는 역할과 함께 태반의 성장을 돕습니다. •다른 장기와 근육을 이완시켜 소화불량이나 변비를 일으키거나 긴장이 풀려 몸이 넘어지기 쉬운 불안정한 상태를 만들기도 합니다. •제1 삼분기에 가장 높은 농도를 보이면서 임신을 받아들이도록 몸을 변화시킵니다.
옥시토신 Oxytocin	•자궁을 수축하고 분만을 유도합니다. •출산 후 수유를 위해 젖 분비를 촉진합니다. •두뇌의 스트레스 시스템을 억제합니다. •아기와 친밀한 애착 관계를 형성하도록 사랑의 감정을 유도합니다.
프로락틴 Prolactin	•모유 생산을 돕습니다. •모유 수유를 할 경우 프로락틴의 농도가 높게 유지됩니다.

임신 week 29

우울증

우울증과 우울감은 차이가 있습니다. 누구나 다양한 원인에 의해 기분이 저하되고 무력해지는 경험을 하지만, 어떤 경우는 자신의 의지로 저하된 기분을 다시 회복시킬 수 없을 뿐만 아니라 일상생활이 불가능할 만큼 힘든 시간을 보내기도 합니다.

우울감은 누구나 겪을 수 있는 감정 변화로서 자신의 의지나 환경적인 변화를 통해 개선될 수 있지만, 우울증은 보다 심각한 경우로서 전문가의 도움이나 약물을 통해서 회복될 수 있습니다.

임신기의 기분 변화도 마찬가지로 어떤 경우는 우울감으로 다가올 수 있지만 심각한 경우 우울증 진단을 받을 수 있습니다. 임신기 특성상 두 경우 모두 호르몬의 영향을 받지만 앞서 언급했던 것처럼 임신기의 감정 기복은 다양한 원인에 의해 다양한 형태로 일어날 수 있습니다. 또한 임신기 우울증은 산후우울증으로 알려져 있어 출산 이후에 주로 나타나는 것으로 알기 쉽지만 실제로는 임신기에 시작하여 산후로 이어지는 경우가 더 많으며, 훨씬 이전부터 우울증이 발병하여 산후에 영향을 미치기도 합니다.

그러므로 우울증에 취약한 환경이나 성격요인이 있을 경우 좀 더 면밀히 자신을 관찰할 필요가 있으며, 평소 우울증을 가지고 있었다면 정신건강 관리에 특별히 유념하여야 합니다.

우울증의 원인을 모두 열거할 수 없지만 대표적인 우울증의 원인으로 다음과 같은 요소가 있습니다.

- ♥ 생물학적 요인 신경을 조절하는 신경전달물질의 불균형, 호르몬의 영향
- ♥ 유전적 요인 가족의 우울증 병력이나 정신질환적 병력
- ♥ 심리적 요인 삶의 다양한 사건에서 발생하는 심리적 고통에 의한 우울감
- ♥ 사회적 요인 사회구조적인 문제(높은 인구비율, 높은 양육비, 낮은 임금 등)로 발생하는 우울감
- ♥ 성격적 요인 완벽주의, 강한 책임감, 거절을 못하는 성격, 불안과 긴장에 예민한 성격
- ♥ 약물 요인 특정 약물의 부작용(수면제, 신경안정제, 고혈압약, 항생제, 진통제, 여드름 약 등)
- ♥ 신앙적 요인 죄책감, 성직자로부터의 상처 또는 잘못된 교육, 탈진 등

통계에 따르면 임신한 여성의 8~12%가 우울증을 호소합니다. 임신 중의 우울증은 조기 유산, 저체중아 출산 같은 부정적 결과와 관련이 있다고 보고되어 임신 중의 우울증은 반드시 관리가 필요합니다.

특히 임산부가 흔히 느끼는 수면과 식욕 변화, 성욕 감소, 낮은 에너지 등은 일반적인 우울증 증세와 비슷해서 임신으로 인한 징후인지 우울증 징후인지 분별이 쉽지 않습니다. 또한 임신 중에 흔하게 동반되는 빈혈, 임신성 당뇨, 갑상선기능이상 등의 증상 역시 우울 증세와 비슷하게 느껴질 수 있습니다.

그래서 임산부로서 나의 우울감의 원인이 무엇인지 발견하는 것은 어렵고, 자신의 느낌이나 확실치 않은 단서로 자신의 우울증을 확증하려는 것은 위험합니다. 우울증을 판정하거나 우울감의 원인을 파악하는 것은 전문가의 도움을 받는 것이 바람직합니다.

다음의 증상은 임신 중 우울증을 보이는 임산부들이 주로 호소하는 증상이지만 일반적인 우울증세와 비슷합니다.

- 하루 중 대부분 거의 매일 우울하거나 슬프다.
- 짜증과 분노가 일어난다.
- 나를 들여다볼 때 무가치하다는 생각이 들고 죄책감이 든다.
- 상황과 나 자신에 대해 절망스럽고 압박감을 느낀다.
- 식사 습관에 변화가 있어 평소보다 많이 먹거나 적게 먹는다.
- 수면 습관에 변화가 있어 평소보다 수면 시간이 길거나 짧다.
- 평소와 다르게 즐거움을 주는 활동에 관심과 흥미를 잃는다.

- 뚜렷한 이유가 없는데 눈물이 난다.
- 가족이나 친구들과의 만남도 싫다.
- 두통 같은 신체적 증상이 있다.
- 안절부절 못하고 긴장감이 있다.
- 집중하기도 힘들고 결정하기도 힘들어해야 할 일이 밀려 있다.
- 나는 나쁜 엄마가 되거나 형편없는 엄마가 될 것 같다는 생각이 든다.
- 자해나 자살을 하고 싶은 생각이 든다.

이 외에도 적지 않은 임산부들이 충동성과 마음의 소리를 호소합니다. 나도 모르게 충동적인 생각 또는 마음의 소리가 떠올라 충동적으로 좋지 않은 행동을 할 것 같다는 임산부들이 있습니다. 특히 마음의 소리는 강박적이어서 지속적으로 임산부들을 괴롭히고 우울 증세를 악화시키기도 합니다.

우울증은 원인에 따라 증상의 심각도에 따라 다르게 대처해야 합니다. 극히 드문 일이지만 만약 임산부가 심한 우울증으로 일상생활에 문제가 생기거나 자살 생각이나 정신병적 증상(환각, 망상)이 나타난다면 약물 또는 입원치료가 필요합니다.

하지만 약물은 태아에 대해 안전성이 명확하게 확립되었는지 확인하여 기형아 발생의 위험성이나 출생 전후기 독성 등의 부작용을 고려해야 합니다. 약물이 태아에 가장 큰 영향을 미치는 시기는 대개 임신 3개월 무렵으로 알려져 있습니다.

이같이 극단적인 상황이 아니라면 다음과 같은 방법을 사용하여 임신기 우울감에 대처할 수 있습니다. 우울감과 같은 증세가 없더라도 다음의 방법들은 임산부의 정신건강을 관리하는데 도움이 됩니다.

충분한 영양공급과 수면

영양 관리와 수면은 생리적 균형과 정서적 안정을 위해 중요합니다. 특히 임산부 우울증을 관리하기 위해 기초적인 부분입니다. 배가 고프거나 잠이 부족한 경우 신경이 예민해지는 일반적인 현상은 그만큼 영양과 수면이 정서에 영향을 미칠 수 있다는 것을 의미합니다.

객관적으로 생각하기

우울증을 겪는 사람의 특징은 선택적으로 생각하는 경향이 강합니다. 특히 긍정적인 생각들은 떠올리지 않는 반면 부정적인 생각들은 떠올립니다. 또한 사실을 확인하지 않고 주관적으로 생각한 후 그 생각을 부정적으로 확장하여 우울감을 악화시키는 경향이 있습니다.

그러므로 부정적인 생각을 차단할 수 있도록 의지적으로 긍정적인 생각을 선택하는 메타인지 방법을 꾸준히 시도해야 합니다. 그래서 주관적인 생각에서 벗어나 객관적으로 생각하도록 사실을 근거로 생각하거나 다른 각도에서 생각하도록 노력해야 합니다.

묵상이나 명상

임산부가 종교를 가지고 있다면 성경 같은 경전을 묵상하는 것도 우울감에 대처하는데 도움이 됩니다. 한국인 대상의 한 연구에 따르면 성경을 묵상하는 것이 우울증과 불안 증세를 감소시킨다고 보고되었으며,[35] 명상 역시 효과가 있었습니다.[36] 특히 종교적 경전은 그 내용을 기준으로 자신의 주관적인 생각을 객관화할 수 있는 장점이 있습니다.

자기주장하기

우울증은 성격적 요인이 크게 관여합니다. 특히 배려를 잘하면서 거절하지 못하고 자기주장을 힘들어하는 성격은 우울증을 경험할 확률이 높습니다. 이러한 면에서 자기주장은 우울증을 대처하는데 많은 도움이 됩니다.

다음은 자기주장을 위한 단계적인 훈련 영역에 해당합니다.

- ♥ **나의 고유한 감정과 요구, 바람 인식하기** 내가 느끼는 것이 무엇인지, 원하는 것과 원하지 않는 것이 무엇인지 명확히 인식해야 자기주장을 할 수 있습니다. 마음에 담아두고 무조건 참는 것은 바람직하지 않습니다.
- ♥ **'아니오'라고 말하기** 상대방의 요구가 부당하거나 나의 상황에서 들어주기 힘들 경우 거절하는 이유를 설명하면서 의견을 진술하는 것이 좋습니다.
- ♥ **그 자리에서 자기 주장하기** 우울증을 악화시키는 요인은 이미 지나간 자리에서 겪은 서운한 생각이 강박적으로 꼬리를 물고 떠올라 눈덩이처럼 생각이 확장되어 파국적으로 생각하는데 있습니다. 자

기주장이 강한 사람과 대화하다보면 상처를 받을 때도 있습니다. 나를 생각해서 하는 말이라면 전하고자 하는 말의 의미를 살펴보며 지혜롭게 수용할 수 있지만 그렇지 않고 무례하게 대한다면 그 자리에서 자기 생각을 정리하여 이야기할 필요가 있습니다. 다만 격한 감정으로 나의 생각을 말하는 것은 배제해야 합니다.

긍정적인 자아상 형성하기

우울증은 애착 유형에 따라 영향을 많이 받습니다. 일반적으로 애착 유형 중 두려움형의 우울지수가 가장 높으며 그 다음은 집착형으로 나타납니다. 이 두 유형의 공통점은 자기 자신에 대한 부정적인 인식이 강하다는데 있습니다.

그러므로 Part5 서두에서 언급한 애착 유형별 '감정다루기'를 실천하면서 긍정적인 자아상을 형성하도록 자신에 대하여 감정보다 이성적이고 객관적으로 수용하는 노력이 우울증 개선에 도움이 될 수 있습니다.

임신 week 30

분노 대처하기

임신기에 감정 기복으로 나타나는 부정적인 감정에는 여러 가지가 있습니다. 그 중에서 분노는 흔히 경험하는 감정입니다. 그러나 분노 감정은 임신 여부를 떠나 많은 한국인들이 경험하는 대표 감정이기 때문에 임신으로 인해 분노 감정이 일어날 수 있다는 말에 크게 공감하지 않을 수 있습니다.

하지만 감정보다 이성이나 합리성을 바탕으로 하는 서양문화권은 상황이 다릅니다. 임신기에 일어나는 분노 감정을 평소와 다르게 인식할 뿐만 아니라 심지어 일부 임산부들은 "내 인생에서 과거에 전혀 경험하지 못한 감정 세계"라고 호소합니다.

결국 이들을 다루는 전문가 역시 임산부의 분노 감정을 매우 심도 있게 다루고 있으며, 연구를 통해 분노가 임신기에 미치는 영향들을 보고하고 있습니다.

예를 들어, 임산부의 분노는 태아의 심장 발달에 영향을 미칩니다. 연구에 따르면 임신기에 분노 폭발이 잦았던 임산부 아기의 경우 그렇지 않은 임산부의 아기보다 심전도 측정 그래프(ECG)의 파장이 더 컸으며, 심장박동변이도(심장박동 주기의 미세한 변화) 또한 낮았습니다.[37]

이러한 현상은 아기의 스트레스 수준이 높다는 것과 임산부의 분노 폭발로 인한 영향이 태아의 심장 발달을 저해한다는 사실을 의미합니다. 특히 심박변이도의 감소는 노화 또는 극심한 심리 장애 상황에서 일어나는 현상이라는 점에서 엄마의 분노 폭발은 태아에게 상당한 스트레스로 작용합니다.

또 다른 연구는 임산부의 분노가 태아의 수면 패턴을 방해하여 출산 이후 태아의 수면을 불안정하게 만든다고 설명합니다.[38] 즉 일반적으로 아기의 잠은 얕은 잠(active sleep)과 깊은 잠(quiet sleep)으로 구성되는데 태아 시기부터 임산부의 분노 표출에 자주 노출되었던 아기는 잠이 드는 과정에서 얕은 잠도, 깊은 잠도 아닌 불규칙적인 짧은 잠(intermediate sleep)이 다른 아기들보다 훨씬 많아 수면을 잘 취하지 못하고 불안정한 상태를 유지하는 비율이 높다는 것입니다.

그렇다면 흔히 생각하는 것처럼 분노는 나쁜 감정일까요? 임산부는 분노 감정을 가져서는 안 되는 것일까요? 사실 '분노'라는 감정은 모든 사람이 느끼며 살아가는 감정 중 하나입니다. 그리고 생존을 위해 무의식적으로 나도 모르게 올라오는 감정의 일부입니다. 그러므로 임산부가 분노를 느끼는 것은 매우 자연스러운 일입니다.

하지만 지나치게 분노 감정이 일어나거나 분노 폭발로 인해 파괴적인 행동이 동반된다면 철저한 관리가 필요합니다. 특히 분노가 강하게 일어날 때 파괴적인 행동뿐만 아니라 아드레날린(adrenaline)이나 도파민(dopamine) 같은 중독성을 일으키는 쾌감 물질이 함께 작용하기 때문에 점점 습관화되고 강하게 증폭될 수 있는 위험이 있습니다.

그러므로 만약 임산부로서 강한 분노 감정을 경험할 경우 적절한 조치를 통해 감정을 조절할 수 있는 능력을 기르는 것이 바람직합니다. 심각한 경우 전문가의 도움이 필요하지만 스스로 분노 조절을 위해 할 수 있는 몇 가지 실천 사항을 소개합니다.

분노에 대한 인식 바로잡기

분노에 대한 피상적인 인식은 부정적입니다. 분노는 나쁜 것이며 심지어 위험하다고 인식하기도 합니다. 하지만 분노의 이면에는 의사를 전달하고자 하는 욕구가 있습니다. 즉 분노는 의사 전달을 위한 표현 방식이라는 보다 깊은 의미가 있습니다.

그러므로 나에게 분노가 일어난다면 내가 표현하고 싶은 것이 무엇인지 내면을 들여다보는 자체가 도움이 될 수 있습니다. 그리고 분노 이외의 다른 방식으로 표현할 수 있는 것들은 무엇이 있는지 살펴보는 것이 좋습니다.

상황 분산시키기

감정이 일어난다는 것은 우리 두뇌 안에서는 신경전달물질이 작용하고 있다는 의미와도 같습니다. 서로 다른 반대의 상황이지만 같은 신경전달물질이 작용하기도 합니다. 예를 들어 아드레날린 같은 경우는 분노 상황뿐만 아니라 용기를 내는 상황에서도 작용하며, 도파민 같은 경우 분노 상황은 물론 운동으로 얻는 즐거움에도 반응합니다.

그러므로 용기를 내어 리더로 활동해 보기도 하고 운동을 시작하거나 새로운 운동에 도전해보기도 하면서 다양한 방법으로 상황을 분산시켜 감정의 균형을 이루는 것이 좋습니다.

배후감정 알기

분노가 일어나는 배후에는 반드시 분노를 일으키게 만드는 배후의 감정이 존재합니다. 예를 들어 배우자가 내가 원하는 대로 움직여주지 않는다고 분노가 일어난다면 분노의 배후에 불안감이 존재하고 있지 않은지 살펴보아야 합니다. 불안할수록 통제해야 안정감을 느끼는 이유입니다.

배후 감정은 어린 시절부터 잠재되어 온 감정일 가능성이 높으며 성격과 깊이 관련되어 있는 감정이기도 합니다. 예를 들어 어린 시절부터 부모의 편애로 불평등한 대우를 받았다면 서운함이나 정의감 같은 감정이 배후로 작용하여 서운한 상황이나 정의롭지 못한 상황에서 분노가 쉽게 일어날 수 있습니다. 그러므로 나의 성격 배후에 어떤 감정이 주로 자리잡고 있는지 살펴보고 배후 감정을 이해하고 관리하는 것이 분노를 다스리는 좋은 방법입니다.

나의 애착 유형에 따라 다르게 반응하기

어린 시절의 경험은 애착 유형을 결정하기도 합니다. 또한 애착 유형은 감정을 조절하는 방식에 따라 결정됩니다. 그러므로 분노 조절 역시 유형별로 다르게 접근하는 것이 바람직합니다.

- ♥ **안정형** 객관적인 시각이 바탕이 되어 있기 때문에 분노에 대하여 몰두하지 않습니다. 안정형의 사람들도 분노를 경험하지만 상황을 객관적으로 보는 시각은 분노 상황을 주관적으로 해석하는 것을 막아 분노가 증폭되는 것을 조절할 수 있습니다. 그러므로 안정형의 사람들은 자신의 분노가 자연스런 감정반응임을 인식하고 상황에 대한 객관적인 시각을 유지하는 것이 중요합니다.
- ♥ **집착형** 감정에 취약한 유형이기 때문에 분노 상황에 대해 주관적으로 이해하여 분노를 점점 증폭시킬 수 있습니다. 그러므로 분노가 일어날 가능성이 있는 상태라면 빨리 다른 활동(잠시 상황 피하기, 물 마시기, 화제 돌리기, 글쓰기 등)으로 상황을 전환하는 노력이 필요하며 이후 진정된 상태에서 배후 감정을 생각해 보고 객관적으로 상황을 이해하려는 시도가 도움이 될 수 있습니다. 보통 분노 지속 시간은 3분 이내이므로 3분을 잘 견딜 수 있도록 나에게 맞는 적절한 행동을 취하는 것이 바람직합니다.
- ♥ **회피형** 쉽게 감정을 표현하지 않지만 자기중심적인 성향 때문에 자기 뜻대로 되지 않는 상황에서 분노 감정을 경험하기 쉽습니다. 또한 불안을 표현하지 않지만 내면적으로 불안감이 강한 특징이 있어서 불안과 자기 뜻대로 되지 않는 상황을 받아들이고 직면해 보는 것이 좋습니다. 혼자 있는 상황에서 쉽게 안정감을 느끼기

때문에 분노가 상승하는 것이 느껴진다면 상황에서 물러나 혼자 있는 시간을 갖는 것도 도움이 될 수 있습니다. 하지만 회피형은 반드시 분노가 일어났던 상황으로 돌아가서 상대방의 관점을 논리적으로 이해하려고 하기보다 상대방의 감정을 수용하려는 노력을 해야 합니다.

♥ 두려움형 수치심이 핵심 정서이거나 배후 감정일 가능성이 높기 때문에 수치심이 느껴지는 상황이 펼쳐질 경우 분노가 작용할 수 있습니다. 또한 학대적인 양육으로 안전기지(양육자)가 두려움의 대상으로 인식되기 때문에 오히려 안전한 상황을 두려워하는 특징을 보입니다. 그리고 인간관계를 원하지만 상처받을 것이 두려워 다가가는 것을 힘들어 하기 때문에 진퇴양난의 상황에서 발작적인 분노로 나타나기 쉽습니다. 그러므로 두려움 형의 경우 안전기지라고 느낄 수 있는 새로운 대상과 함께 관계를 새롭게 경험하면서 수치심과 두려움을 극복하는 능력을 길러가는 것이 중요하며, 집착형과 회피형의 특징이 복합적으로 존재하기 때문에 상황에 따라 두 유형에서 설명한 방법들을 취하는 것이 좋습니다.

임신 week 31

불안감, 초조함에 대하여

임신을 하면 신체적으로 여러 가지 변화를 겪습니다. 아울러 신경이 예민해지고 초조해지고 불안을 느끼며, 심할 경우 분노와 공포 등의 증상이 나타나면서 감정적인 통제 불능 상태가 되기도 합니다. 비록 임산부의 불안이 신체적 변화에 따른 자연스런 반응이기도 하지만 임신기의 불안은 임산부나 태아에게 다양한 문제를 일으킬 수 있는 하나의 변수로 작용할 수 있습니다.

임산부의 불안은 난산, 지연분만, 습관성 유산 등과 관계가 깊습니다. 그렇기에 건강을 유지하고 안전한 분만을 유도하기 위해 임산부에게 일어나는 불안이나 초조함을 적절하게 대처하고 경감시키는 것은 중요합니다. 임산부가 불안을 느끼는 요인은 다음과 같은 상황일수록 불안을 느낄 확률이 높습니다.[39]

- 결혼 상태가 아니거나 결혼생활에 만족하지 못하는 경우
- 계획하지 않은 임신인 경우
- 임신 이전부터 앓아 왔던 질병이 있을 경우
- 임신으로 인해 질병이 발생한 경우
- 태아의 건강이 좋지 못한 경우
- 임신 20주 미만인 경우
- 입덧이 심한 경우

불안은 일상생활에서 경험하는 불쾌한 감정으로 위험한 상황이라고 자각할 때 경험하는 반응입니다. 일반적으로 불안은 위험한 상황이라고 느낄 때 경험하지만, 그 상황을 벗어나면 안도감을 느끼고 긴장을 풀며 편안한 기분으로 다시 회복됩니다.

불안은 공포 감정과 구분되는데 불안의 경우 불안을 일으키는 대상이 현재 없어도 가질 수 있는 감정이지만, 공포는 감정을 일으키는 대상이나 사건을 현재 경험하고 있을 때 일어나는 감정입니다.

또한 불안은 정상적 범위와 비정상적인 범위의 불안으로 구분할 수 있습니다. 예를 들어 위험한 상황에서 자연스럽게 느끼는 감정으로서의 불안은 정상적인 불안이지만 위험이 발생하지도 않은 불필요한 상황에서 과도하게 경계 태세를 갖추어 긴장하는 불안은 비정상적인 불안으로 구분할 수 있습니다.

일반적으로 비정상적인 불안은 다음과 같은 특징으로 구분되며 극심한 불안으로 야기되는 심리 장애도 아래와 같이 다양한 형태로 존재합니

다. 만약 불안이 강하여 생활에 지장을 주는 상태이거나 심리 장애로 나타난다면 스스로 극복하려고 시도하기보다 상담전문가나 의사에게 도움을 받는 것이 좋습니다.

- 현실적인 위험이 없는 상황이나 대상에 대해 불안을 느끼는 경우
- 현실적인 위험 정도에 비해 과도하게 심한 불안을 느끼는 경우
- 불안을 느끼게 하는 위험 요인이 사라졌음에도 불안이 과도하게 지속되는 경우
- 불안을 느끼는 상황에서 다른 사람은 적응적으로 경험하는 불안을 자신은 부적응적으로 느끼는 경우
- 불안으로 야기되는 심리 장애: 범불안장애(만성적이고 과도한 불안과 걱정으로 인해 생활에 지장을 주는 장애), 공황장애(예상치 못한 상황에서 발작적이고 극심한 불안과 공포를 경험하여 생활에 심각한 지장과 삶의 질을 떨어뜨리는 장애), 각종 공포증(특정장소, 대인관계, 특정 대상이나 상황에서 비정상적인 불안과 공포를 경험하는 심리장애), 건강염려증(자신이 심각한 질병에 걸렸다고 생각하여 불안과 공포를 경험하는 질병불안장애) 등.

불안에 반응하는 임산부의 개인적 차이는 매우 다릅니다. 어떤 임산부는 불안을 극심하게 느끼는 반면 어떤 임산부는 불안을 가볍게 느낍니다. 그러나 임산부가 느끼는 임신/출산과 관련된 불안이나 공포는 임산부가 아기를 원하든 원하지 않든, 연령이 많든 적든 상관없이 모두에게 적용됩니다. 즉 모든 임산부는 사실상 불안이나 공포를 어느 정도 느낀다는 것을 의미합니다.

연구에 따르면, 임신 후반기보다는 전반기가 임산부의 불안공포감이 높은 것으로 나타나는데 주로 전반기는 임산부에게 임신 경험 자체가 정신적인 부담을 안겨주며, 후반기의 불안은 분만에 대한 공포가 커지기 때문입니다. 임산부들이 가지는 일반적인 불안의 내용은 다음과 같습니다.

- 임신에 성공하지 못하고 아이를 잃어버리게 될 것에 대한 불안
- 다산부인 경우 통증에 대한 공포로 인한 두려움
- 아이를 낳다가 죽지 않을까 하는 공포감
- 태어날 아이가 기형 또는 정신지체가 아닐까 하는 불안
- 주변에 도와주는 사람이 없는 경우 내가 아이를 잘 돌볼까에 대한 불안
- 임신 출산으로 인한 신체 변형에 대한 불안 등

불안은 나의 의지와 상관없이 일어나는 감정 반응입니다. 즉 특정 자극에 대해 나도 모르게 일어나는 생리반응입니다.

불안이란 몸이 긴장되었을 때 작용하는 신경체계인 교감신경이 활성화되어 몸을 경직시키는 상태를 말합니다. 불안의 정도에 따라 개인의 성격에 따라 교감신경계가 몸에 반응(심장박동, 호흡, 소화 등)을 일으키는 정도에는 차이가 있지만, 만약 내가 높은 스트레스를 받는 생활양식을 가지고 있거나 그런 환경에 처해 있다면 나도 모르게 불안이 쉽게 발생하고 강한 불안 상태가 유지된다는 것은 놀라운 일이 아닙니다. 그리고 임신 자체가 주는 불안도 있지만 불안을 일으키는 다양한 개인적 요소에 따라 불안이

증폭될 수 있습니다.

불안이 제거되어 안정된 상태라면 불안할 때의 신경체계와는 반대로 몸의 이완 상태에 관여하는 신경계인 부교감신경계가 활성화됩니다. 즉 부교감신경계는 안정된 상태, 예를 들면 편안이 잠을 잘 때, 몸이 쉬고 있을 때, 음식을 먹는 상황 등에서 활성화됩니다.

얕은 잠을 잔다든지, 쉬어도 피곤하든지, 음식이 소화가 안 된다면 쉼의 상황조차 교감신경계가 활성화되고 있다는 것을 의미합니다. 그러므로 불안에 대처하기 위한 방법은 부교감신경계를 자극하는 활동들을 선택하여 실천하는 것이 효과적입니다. 그 중 임상적 상황에서 효과를 입증했던 몇 가지 방법들을 소개합니다.

육체적 이완

육체적으로 긴장되어 경직된 근육을 이완시키는 활동을 말합니다. 복식호흡을 통해 호흡으로 이완할 수 있으며, 가벼운 마사지를 통해 근육을 풀어주는 것도 좋습니다. 목욕으로 근육이완을 실천할 수 있지만 임산부의 경우 태아에게 위험할 수 있기 때문에 샤워나 족욕을 추천합니다. 양질의 잠을 잘 수 있도록 환경을 만드는 것도 좋으며 편안하고 즐거운 식사가 될 수 있도록 분위기를 바꾸는 것도 좋습니다. 특히 건강한 식단을 통해 몸의 균형을 유지하는 것이 중요합니다. 무엇보다 시간을 정해 꾸준히 실천하는 것이 효과적이며 태아를 위해 무리하지 않는 것이 중요합니다.

묵상 및 음악 감상

안정감을 주는 글이나 좋아하는 시, 또는 용기를 주는 명언 등을 꾸준히 묵상하는 것이 불안을 다스리는 방법이 될 수 있습니다. 연구에 따르면 좋은 글을 되새기는 묵상은 불안 감소 반응을 나타내는 뇌의 부위와 관계하고 있다고 설명합니다. 음악 감상 역시 불안 감소에 효과적입니다. 한국에서 진행된 조기진통 임산부를 중심으로 한 연구에서는 음악 감상이 임산부의 불안 및 스트레스 지수 감소는 물론 수축된 자궁근육을 이완시키는 효과까지 있다고 설명합니다.[40]

식물 가꾸기

원예 활동은 불안과 우울감 개선에 좋은 효과가 있다고 알려져 있습니다. 식물을 가꾸는 활동을 통해 마음의 진정 효과를 얻을 수 있기 때문입니다. 하지만 임산부는 화분 가꾸기와 같이 작은 범위의 활동을 추천합니다. 넓은 범위를 경작하거나 화학약품을 살포하는 거친 활동은 하지 않는 것이 바람직합니다. 아울러 특정 식물에 알레르기가 있다면 다른 활동을 참조하여 실천하는 것이 좋습니다.

스크린 활동 줄이기

TV나 스마트폰 등의 스크린 활동을 줄이는 것이 불안 감소에 도움이 될 수 있습니다. 연예 오락 프로그램의 경우 감정을 진정시키기보다 부추기는 역할이 강하기 때문에 스크린 활동이 많을수록 감정적이거나 충동적인 행동을 유발시킬 확률이 높습니다.

TV 시청과 공격성의 관계를 다룬 한 연구에 따르면 TV 등장을 기점으로 지역에 따라 살인률이 최대 130%까지 늘어났다는 점은 스크린 활동이 얼마나 감정과 충동성을 부추기는지 설명합니다.[41]

이 외에도 불안을 다스리기 위한 다양한 활동들이 있지만 임산부에게 가장 힘이 되고 안정감을 느끼게 하는 것은 가족들의 따뜻한 관심과 사랑입니다. 특히 부부간의 친밀감은 임신 후기로 갈수록 느끼는 출산에 대한 불안한 마음을 진정시키고 안정감을 찾는데 도움을 줍니다. 아내에게 불편한 것은 없는지, 먹고 싶은 것은 없는지 물어보고 관심을 갖는 것은 불안한 생각보다 부부간의 사랑에 더욱 집중하게 만들기 때문입니다.

임신 week 32

임산부 강박 증세

강박(强迫)이란 '강하게 다그친다'는 의미로 자신은 원하지 않지만 불쾌한 생각이 무의식적으로 다그치듯 의식 세계에 떠올라 집착하게 만들고 특정 행동을 반복하게 만드는 심리적인 현상으로 불안과 관계가 있다고 알려져 있습니다.

강박 증세는 좋지 않은 생각이나 충동 또는 이미지가 떠올라 그것에 집착하게 만드는 '강박사고'와 불안을 감소시키기 위해 특정 행동을 반복하게 만드는 '강박행동'으로 나뉩니다. 이러한 강박 증세는 반드시 임신의 영향 때문에 일어나는 것은 아닙니다. 하지만 임신은 강박 증세를 촉발시키거나 악화시킬 수 있는 조건이 될 수 있습니다.

최근 캐나다 가정의학과 의사협회에서 발행한 연구결과에 따르면, 강박장애로 진단을 받은 엄마들 중 약 40%가 임신 기간에 강박 증세가 시

작되었다고 답했으며, 약 30%는 산후 직후부터 증세가 나타났다고 응답하고 있습니다.[42]

한국의 경우 정신건강실태조사에서 불안지수가 지속적인 상승세를 보이고 있다는 점을 감안할 때 캐나다 연구결과를 주목해볼 필요가 있습니다.

또한 임상적으로도 비교적 많은 임산부들이 적지 않게 강박 증세로 불편을 호소하고 있으며 대부분 출산 이후까지 지속되거나 악화되기도 합니다. 임신으로 인해 시작된 강박 증세든 아니면 이전부터 있었던 강박 증세가 임신 관련 강박으로 확산되었든 임산부에게는 삶의 질을 떨어뜨리는 힘들고 불편한 경험이 아닐 수 없습니다.

특히 출산 이후 아기와 관련하여 좋지 않은 생각이 강박적으로 떠올라 심각한 결과를 초래할 수 있어서 만약 임신 기간 중 강박 증세가 보인다면 방치하지 말고 마음을 관리하는 것이 좋습니다.

강박 증세가 일어나는 원인에 대해 아직 정확하게 밝혀진 바는 없지만 불안과 깊은 관련이 있다고 알려져 있습니다. 특히 강박 행동의 경우 자신이 그런 행동을 하는 것이 부적절하다는 것을 인식하지만 행동을 해야만 할 것 같은 강한 압박과 함께 행동을 하지 않으면 심한 불안에 사로잡히는 이전의 경험 때문에 강박 행동을 할 수 밖에 없는 상태로 발전하게 됩니다.

결국 불안을 감소시키려는 목적으로 강박행동을 시작하게 되고 점점 강화된다는 것을 알 수 있습니다. 임산부들이 가지는 강박적인 생각이나 행동은 다음과 같습니다.

- 태아가 잘못되지 않았을까, 병에 걸린 건 아닐까?
- 태아가 정상이 아니면 어떻게 하지, 태아가 기형아로 태어나지 않을까?
- 태아를 보호해야하기 때문에 모든 것이 깨끗하게 소독되어야 한다 는 생각
- 고의로 또는 우연이라도 태아를 해치거나 죽이고 싶은 충동
- 태아에게 해롭다고 생각하여 특정 음식이나 약물, 또는 일상적인 활동을 회피하는 행동
- 태아를 보호하기 위해 반복적으로 씻거나 지나치게 청소를 하는 등의 행동 등

출산 이후 임신 기간의 강박 증세와 함께 아기를 회피하는 행동이나 지나치게 아기에 집착하는 행동으로 강박 증세가 이어질 수 있습니다. 애착과 관련해서는 불안정-집착 유형이 강박 증세에 가장 취약한 특징이 있으며[43] 어린 시절 애착 관계 중 부모와 아이와의 잘못된 의사소통이 강박 증세와 관계가 가장 밀접합니다.[44] 즉, 부모와의 대화가 없거나, 문제가 있는 대화패턴으로 성장할수록 강박 증세가 나타날 가능성이 높습니다.

특히 완벽주의를 요구하거나 비판적인 부모일수록 대화의 패턴은 의식적이든 무의식적이든 강요를 요구할 확률이 높기 때문에 성장하는 아이에게는 강박적인 사고를 일으킬 수 있는 압박감에 노출될 가능성이 높습니다.

아울러 부모와의 잘못된 의사소통은 부정적인 자아상을 형성하기 쉽기 때문에 자신에 대한 비판으로 반응하기 쉬운데, 임산부의 경우 태아를

보호해야 한다는 압박감과 자신에 대한 부정적인 생각은 임신기 강박 증세를 일으키는 주된 요인으로 작용합니다. 임신 전부터 이러한 환경에 노출된 임산부의 경우 임신 환경에 따라 더 강한 강박 증세를 경험할 수 있습니다.

심한 강박 증세에 시달리게 되면 약물 치료를 통해 어느 정도 증세를 완화시킬 수 있지만 임산부의 경우 약물을 투여하는 것은 태아에 영향을 미칠 수 있으므로 의사의 판단 아래 신중해야 합니다. 약물 이외의 방법은 다음과 같은 방법이 도움이 될 수 있습니다.

자기 모습 수용하기

위에서 설명한 바와 같이 강박 증세를 가진 사람들 중에는 자기 자신에 대한 부정적 자아상을 가진 사람들이 많습니다. 자기에 대한 부정적인 자아상이 형성된 경우 자신에 대하여 완벽한 모습을 요구할 수 있습니다. 그리고 작은 실수에도 자신을 비판하고 좌절할 수 있습니다. 그렇기 때문에 자신의 모습을 있는 그대로 받아들이는 '수용'하는 노력이 필요합니다. 자기수용을 위해서는 3단계의 과정을 꾸준히 실천하는 것이 중요합니다.

- 자신과 일에 대한 기대를 낮추십시오. 내면의 기대치는 부모 같은 중요한 타인에 의해 형성될 수 있습니다. 자신의 능력과 한계를 분명히 인식하고 객관적인 기대치를 형성하는 것이 좋습니다.
- 둘째로 실수를 용납하고 성공경험을 인정하십시오. 누구나 실수할 수 있습니다. 실수에 집중하기보다 자신의 성공 경험에 초점을 맞

추면서 자신에 대한 긍정적인 시각을 형성하는 것이 중요합니다.

♥ 마지막으로 자율적 '선택'을 통해 자신의 모습을 긍정적으로 평가해야 합니다. 강박 사고의 경우 감정과 함께 원치 않는 생각들이 무분별하게 떠오르기 때문에 의지적으로 생각을 선택하여 조절하는 능력을 기르는 것이 중요합니다. 즉 내 자신의 모습을 타인의 시각에 의해서가 아니라 자발적이고 객관적인 시각으로 이해하고 선택하여 수용하는 실천을 말합니다.

일기쓰기/글쓰기

강박증은 생각의 문제입니다. 강박증으로 고통을 겪는 많은 사람들이 떠오르는 생각을 회피하기 위해 특정 활동(컴퓨터 게임, 운동 등)에 집착하는 모습을 쉽게 찾아볼 수 있습니다. 하지만 원치 않는 생각을 회피하는 것과 통제하고 다스리는 것은 다릅니다. 그런 의미에서 일기쓰기나 글쓰기는 생각을 통제하고 조절하는데 좋은 실천 사항입니다. 예를 들어 다음과 같은 내용으로 일기쓰기나 글쓰기를 구성할 수 있으며 글의 양은 자유롭게 정합니다.

♥ 상황에 대한 기술 오늘 하루 동안 나는 어떤 상황에 처했는가?
♥ 생각들 어떤 생각이 나를 통제하려 했으며 나는 어떻게 반응했는가?
♥ 느낌이나 감정 상황이나 생각으로 인해 나는 어떤 감정을 느꼈는가?
♥ 자유기술 어떤 생각이든 현재 나를 괴롭히는 생각을 자유롭게 기술하고 평가한다.

상상으로 직면하기

강박 증세로 떠오르는 생각들은 대부분 불안과 관련된 생각들입니다. 특히 임산부이기 때문에 임신 상황이나 태아와 관련된 불쾌한 생각들이 마음을 힘들게 합니다. 상상으로 직면하기는 떠오르는 불안한 생각들이 던져주는 불안이나 공포를 상상을 통해 직면하면서 그 생각들을 통제하는 것을 말합니다. 마음속을 힘들게 하는 불안한 생각을 글로 적어 그 내용을 상상하면서 직면하는 것도 좋습니다. 직면한다는 것은 적극적으로 생각에 맞선다는 것을 의미하기 때문에 용기 있는 생각으로 맞서는 자세가 중요합니다.

안정애착을 위한 균형

우리의 몸이 건강하게 유지될 수 있는 것은 '항상성'이라는 중요한 균형의 기능이 정상적으로 작동하기 때문입니다. 항상성(homeostasis)이란 외부 자극의 변화에 관계없이 내부의 환경을 일정하고 안정적으로 최적화할 수 있도록 균형을 이루는 특성을 말합니다.

예를 들어 외부의 기온 변화에 관계없이 사람의 체온이 36.5도로 유지되는 것은 항상성의 대표적인 특징입니다. 특히 인간의 신경계와 내분비계는 항상성에 밀접하게 관여하면서 신체적 상태가 최적화되도록 작용합니다.

우리의 신체가 균형을 이루며 발달하듯 마음의 상태도 균형을 맞추는 항상성이 똑같이 적용됩니다. 인간의 마음은 기쁜 상태나 우울한 상태에 있을 때 다시 본래의 상태로 돌아가려는 특징이 있습니다.

예를 들어 기분 좋은 사건을 통해 마음이 기쁘거나 들뜬 상태를 경험하더라도 일정 시간이 지나면 본래의 상태로 돌아옵니다. 반대로 슬픈 일을 당해 마음에 고통이 심할지라도 시간이 흐르면 고통의 상처가 서서히 아물기도 합니다. 외부 조건의 영향을 받지만 정서에 대한 항상성의 힘은 안정적인 정서 상태를 유지하여 마음의 균형을 잃지 않도록 돕습니다. 그래서 우리에게 주어진 현실세계를 일정한 패턴을 가지고 건강하고 안정적으로 살아가도록 유도합니다.

이와 같이 마음에서 일어나는 정서적 항상성은 정서를 조절하여 최적의 마음 상태를 유지할 수 있도록 돕는 역할로 기능하기 때문에 애착 유형이 결정되는데 중요한 영향을 미칩니다.

다시 말하면 안정애착 유형은 정서적 항상성이 효과적으로 기능하여 위험을 경험했을 때 최적의 마음 상태로 돌아가는 힘이 강하지만 불안정 애착 유형의 경우 불안을 지속적으로 경험하기 때문에 최적의 마음 상태를 유지하는데 어려움을 겪습니다.

안정애착 유형의 경우 다음과 같은 '균형'의 특징을 잘 나타내고 있습니다.

- ♥ **생각의 균형** 안정애착 유형은 생각이나 말이 보다 균형적입니다. 감정에 치우친 주관적인 생각이나 말보다 사실을 있는 그대로 묘사하는 특징을 보입니다. 즉 자신의 경험에 대해서 생각하고 기억할 때 균형잡힌 판단이 가능하기 때문에 감정에 치우치지 않습니다.
- ♥ **감정의 균형** 안정애착 유형은 마음에서 일어나는 감정을 조절하여 심리적 균형을 유지할 수 있습니다. 감정의 균형은 생각의 균형과

함께 일어나는 동시과정이기도 합니다. 또한 타인의 감정을 이해하고 공감하는 능력을 포함합니다.

- ♥ **관계의 균형** 안정애착 유형은 타인이 자신에게 친밀감있게 다가오거나 도움을 요청해도 불편해하지 않으며, 자신이 타인에게 친밀감있게 다가가거나 도움을 요청하는 일에도 불편해 하지 않습니다. 또한 혼자 있거나 자신과의 관계에서도 불편하지 않고, 친하지 않은 여러 사람들과 함께 있는 상황도 불편하지 않습니다. 즉 관계의 균형을 잘 만들어가는 특징이 강합니다.

임산부의 심리가 안정되어 있다는 것은 마음속에서 나도 모르게 자동적으로 일어나는 감정적인 혼란을 효과적으로 조절하여 마음의 균형을 잡아 갈 수 있다는 것을 의미합니다.

자신의 상황이 타인의 지지도 많을 뿐더러 마음이 편안한 상태이고 심리적인 환경이 안정애착 유형에 가깝다면 매우 이상적인 임신 기간을 보내고 있는 경우이지만 그렇지 못하고 마음에 혼란이 있고 균형이 깨진 상태라면 안정된 마음을 위해 균형을 찾아가는 것이 필요합니다. 특히 마음의 균형은 신체적인 균형, 관계적인 균형과 결코 무관하지 않기 때문에 자신이 할 수 있는 작은 실천이 전체적인 영역에 영향을 미치는 큰 효과를 거둘 수 있습니다.

- ♥ **신체적인 균형** 신체적인 균형을 위해 생활의 균형을 실천할 수 있습니다. 균형 잡힌 기상과 취침 시간, 균형 잡힌 식사 시간이나 식

단, 규칙적인 운동 등은 신체적인 균형을 겨냥한 실천 사항입니다. 특히 균형 잡힌 생활은 일관성 있는 태도를 형성하게 하여 출산 이후 아기와의 관계에서 안정애착을 형성도록 돕습니다.

♥ **정서적인 균형** 독서, 음악 감상, 신앙생활 등은 마음을 안정시키고 감정을 조절하는데 도움이 되는 활동들입니다. 감정의 기복이 심해질 수 있는 임신 후기에 정서적인 균형을 유지하는 것은 순탄한 출산을 위해서도 바람직합니다.

♥ **관계적인 균형** 자주 만나는 사람과 가끔 만나는 사람, 친한 사람과 어려운 사람, 혼자 있는 상황과 함께 있는 상황 등을 고려하여 균형 있게 관계하는 것도 또 다른 즐거움이 될 수 있습니다.

애착 박사가 함께하는 Q & A

Q. 직장 여성인데 임신했어요. 어떻게 알리고 생활해야 할지 고민입니다.

A. 맞벌이를 하면서 임신 사실을 확인하면 여러 가지 고민을 하게 됩니다. 계획된 임신이라면 덜하지만 계획되지 않은 임신일 경우 앞으로의 일정을 갑자기 조정해야 한다는 점에서 스트레스가 증가할 수 있습니다. 일을 하는 여성에게 임신은 많은 것을 고민하게 합니다. 특히 직장을 계속 다녀야 하는지, 다닌다면 언제 알려야 하는지가 가장 큰 고민일 것입니다. 임신 중 계속 직장을 다닐 수 있는지의 여부는 다양한 조건들을 확인해야 합니다. 현재 임산부의 건강상태는 양호한지, 직장의 환경이나 업무가 임신을 유지하기에 적합한지, 직장의 통근 환경은 임산부에게 적절한지 등을 살펴보는 것이 도움이 됩니다.

직장에 임신 소식을 알리는 것은 사람마다 다릅니다. 임산부의 성격에 따라 임신의 기쁨을 즐겁게 나누기도 하지만 직장의 분위기를 살피다가 적절한 때를 찾아 공개하기도 합니다. 때로는 미리 알렸다가 유산하면 서로 좋지 않을 것 같아 미루다가 태아가 안정기에 접어들면 이야기하기도 합니다. 직장에 임신을 알리기에 가장 좋은 때라는 것은 없습니다. 어느 때에 알리든지 임산부의 상황과 결정에 따라 알리면 됩니다. 다음은 임신 사실을 직장에 알리는데 고려할 만한 사항입니다.

임신 초기 입덧이나 몸의 증상이 어떠한가를 고려하여 구토가 심하거나 몸이 지나치게 피곤하면 직장 상사에게 알려 업무를 조절하는 것이 바람직합니다.

직장마다 업무의 흐름이 있기 때문에 가장 바쁜 시기나 자신이 해야 할 업무가 가장 많은 시기를 고려하여 적절한 때를 찾는 것도 좋습니다.

임신 소식을 알리는 것을 미루는 것보다는 적극적으로 미리 알리는 것이 차후 업무를 분담하거나 직장 내 계획을 세우는데 도움을 줄 수 있습니다.

직장생활을 하며 건강한 임신기를 보내려면 임신에 맞는 생활습관과 태도를 형성하도록 노력해야 합니다. 작은 실천이지만 임신과 직장을 병행하는데 도움이 됩니다.

- **휴식과 스트레칭을 통해 쉽게 피로해지지 않도록 돕습니다.**
- **몸에 꼭 조이는 옷들은 피하고, 무릎에 부담이 가지 않도록 가능하다면 운동화를 착용합니다.**
- **업무상 과도한 일이나 무거운 것을 운반해야 하는 일들은 적극적으로 도움을 청합니다.**
- **너무 혼잡한 출퇴근 시간은 피합니다.**

출산 코칭

임신 week 34

출산,
태아가 만드는 기적

임산부가 아이를 낳는 출산 과정(분만)은 힘든 임신 기간을 마무리하는 기다리던 순간이기도 하지만 뱃속 아기와의 첫 만남이 이루어지는 긴장감과 기대감이 어울려진 순간이기도 합니다. 그리고 출산을 준비하는 손길이 바빠지듯이 임산부의 몸과 태아의 몸에서도 출산을 준비하기 위한 급박한 변화들이 일어납니다.

순조로운 출산은 안정된 태내 환경과 출산을 위한 외부 환경이 중요하기 때문에 출산을 돕는 손길들의 빠른 대처와 함께 생리적으로 이루어지는 임산부와 태아와의 긴밀하고 원활한 상호작용이 무엇보다 중요합니다.

출산의 시작은 임산부와 태아 사이의 수요 공급 균형이 깨지면서부터 시작됩니다. 임산부로부터 모든 영양분을 받는 태아는 태내에서 성장하는 만큼 더 많은 영양분을 필요로 하는데 어느 순간 태아가 필요로 하는 영양분의 양이 임산부가 공급하는 양을 넘어가는 임계점에 도달하게 됩니다.

그러면 태아에게 공급되는 포도당의 양이 줄어들어 혈당이 떨어지고, 포도당의 감소를 느끼는 태아의 뇌는 결국 출산 준비를 위한 신호를 엄마에게 보내어 출산 준비를 유도합니다. 즉 더 이상 영양공급이 부족한 엄마의 자궁에서 생존하는 것이 안전하지 못하기 때문에 태아의 두뇌 중 스트레스를 관장하는 시스템이 호르몬을 통해 출산 신호를 보내면 태아와 엄마가 함께 옥시토신(oxytocin)의 양을 증가하면서 자궁을 수축하고 출산 과정이 진행되는 것입니다.

임신 마지막 주가 되면 임산부는 다양한 육체적 변화를 경험하는데 대부분은 태아의 감독하에 진행되는 과정이기 때문에 출산은 그야말로 임산부와 태아가 만들어 내는 기적이라고 할 수 있습니다. 먼저 자궁경부가 부드러워집니다. 그리고 태아가 나올 수 있도록 점차 팽창하면서 얇아집니다.

이때 자궁은 옥시토신에 민감하게 반응하도록 바뀌는데 옥시토신은 엄마와 태아가 출산을 위해 교신하는 통신수단과 같이 서로 분비하며 기능합니다. 출산을 위해 옥시토신의 양이 증가하면 자궁근육에 수축이 일어나면서 분만이 시작됩니다. 옥시토신이 자궁수축으로 통증을 일으키면 다시 통증은 뇌에 신호를 보내어 보다 많은 옥시토신을 분비하도록 명령합니다. 그리고 보다 강한 자궁수축이 일어나면 더 강한 통증이 일어납니다.

이와 같은 순환이 반복되면서 빠르고 효과적인 분만이 이루어지도록 만듭니다. 즉 분만시 강한 통증이 일어난다는 것은 충분한 옥시토신이 분비되었다는 것을 의미하며, 임산부에게도 태아에게도 빠르고 안전한 분만이 이루어지도록 돕는 역할을 합니다.

게다가 옥시토신이 충분히 분비되면 자연산 마취제라고 불리는 베타-엔돌핀(beta-endorphin)이 분비되어 통증이 다소 마취되는 효과도 나타납니다.

하지만 만약 불안, 걱정, 두려움 등으로 스트레스 호르몬(catecholamines)이 분비되면 이러한 순탄한 분만 과정을 방해하여 결과적으로 임산부에게도 태아에게도 좋지 않은 영향을 미치게 됩니다.

특히 분만 초기에 임산부가 불안과 스트레스에 지나치게 노출되면 옥시토신 분비가 어려워져 자궁수축이 일어나지 않거나, 자궁수축이 일어나 분만 과정이 진행된다고 하더라도 불안과 스트레스로 인한 옥시토신 결핍상황은 분만 진행을 늦추는 작용을 하기 때문에 분만 시간을 장기화하여 난산을 겪을 수 있습니다.

실제로 무뇌증 아이를 분만하는 경우 태아에게서 옥시토신이 분비되지 않기 때문에 정상적인 분만보다 2~3배의 시간이 걸립니다.[45] 또한 무통분만을 진행하는 경우에도 엄마의 옥시토신 분비가 현저하게 떨어지기 때문에 분만을 위한 태아와의 소통이 힘들어지고 그에 따라 분만 시간도 길어지게 됩니다.

반면에 마음에 안정감을 가진 임산부의 경우 똑같은 산통을 겪지만 충분한 옥시토신 분비로 산통에 따른 스트레스 호르몬은 불안과 스트레스를 가진 임산부와는 다르게 작용합니다. 옥시토신이 충분히 분비된 상태에서의 스트레스 호르몬은 오히려 분만을 쉽게 하도록 임산부에게 평소보다 강한 에너지를 제공하기 때문입니다.

결국 마음에 안정감을 가진 산모는 정상적인 분만 사이클과 강한 힘으로 빠르고 효과적인 출산을 할 수 있습니다. 그리고 이것은 산모의 안정애착이 분만 과정에 어떻게 영향을 미치는지 보여주는 증거이기도 합니다.

이러한 신비한 과정이 임산부가 눈치 채지 못하는 사이 태아와 서로 교신하면서 일어나며 새로운 생명 탄생이라는 기적을 만들어 냅니다. 출산 과정에서 가장 큰 역할을 하는 옥시토신 호르몬은 자궁수축 기능 이외에 '애착 호르몬'이라고 불릴 만큼 엄마와 태아와의 관계에서 친밀감을 강화하는 역할을 하는데 임신 후반기부터 분비가 점차 증가하며 분만 과정에서의 역할은 물론, 출산 이후에도 엄마와 태아와의 애착 형성에 핵심적인 역할을 합니다. 옥시토신이 분만 과정에서 자궁수축에 영향을 미치며 순환되는 과정은 다음과 같습니다.

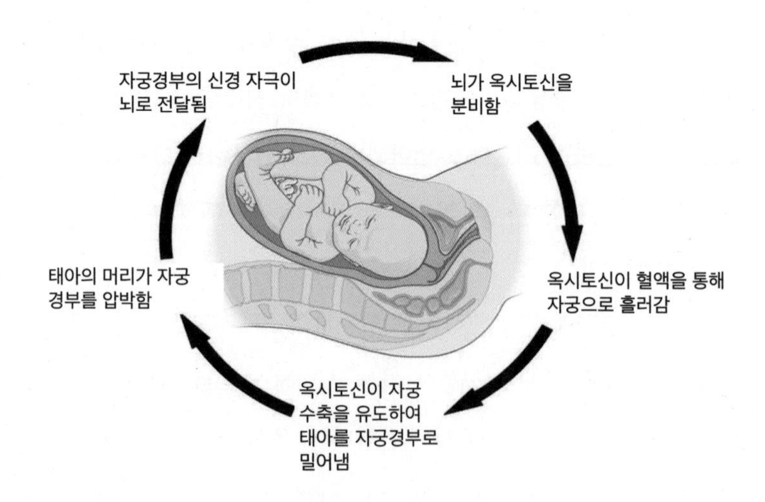

임신 week 35

출산을 위한 핵심

비록 임신과 출산 과정이 길고 어려운 과정이기는 하지만 임산부에 따라 그리고 다양한 분만 조건에 따라 출산 과정은 차이가 납니다. 그래서 임산부에 따라 힘든 난산을 겪기도 하지만 반대로 쉽게 순산으로 이어지기도 합니다.

그러나 본래 출산은 불안이나 두려움 가운데 어렵게 진행되도록 생리적으로 프로그램 되어 있지 않습니다. 오히려 간단하고 쉽게 진행되도록 디자인되어 있다는 것이 생물학적인 원리입니다.

임신 week 34 내용에서 살펴본 것처럼 출산이 임박하여 다가오는 통증 반응은 산모를 힘들고 어렵게 만들려는 목적이 아니라 쉽고 효과적인 분만을 유도하기 위한 생리적인 반응이라는 것만 보아도 산모의 몸에서 일어나는 다양한 반응들이 순탄한 분만을 위한 자연적인 생리 현상이라는 것을 알 수 있습니다.

미국의 저명한 출산교육 전문가인 로씨안 교수는 심지어 분만 과정에서 최적의 분만 자세를 찾으려고 산모가 몸을 이리저리 움직이는 반응조차도 순탄한 분만을 위한 자연적 생리 현상이라고 말합니다.

하지만 이미 언급한 바와 같이 만약 산모의 상태가 안정되지 못해서 불안, 걱정, 두려움 등으로 스트레스를 받고 있는 상태라면 효과적인 자연분만을 위한 생리적 프로그램이 작동하는데 방해를 받습니다. 그런 의미에서 불안정애착 유형의 산모들은 안정애착 유형의 산모들보다 분만 시간이 길어지거나 난산을 겪을 가능성이 높습니다.

실제로 최근에 펜실베니아주립대학과 미네소타대학에서 진행한 애착유형과 분만에 대한 연구에서도 불안정애착 유형이 안정애착 유형보다 산통을 더 크게 느끼는 경향이 강하다고 보고합니다.[46]

특히 불안정회피 유형의 산모들은 배우자가 곁에서 지지하고 격려해줄 때 더 큰 고통을 느꼈으며 불안정 집착/몰두 유형은 배우자의 지지와 상관없이 다른 유형들보다 가장 강한 고통을 느낀 것으로 조사되었습니다.

반면에 안정 유형의 산모들은 분만 중 배우자가 지지해줄 때 고통이 경감되는 것을 느꼈으며 배우자와의 교감을 통해 감정을 조절할 수 있었다고 설명합니다. 이는 평상시 배우자와의 친밀한 관계를 통해 자신의 감정을 전달하고 조절하고, 타인의 감정을 공감하는 경험이 지속되어 왔음을 의미합니다.

다른 연구에서는 불안정애착 유형의 산모들이 안정애착 유형의 산모들보다 진통 및 마취제를 훨씬 많이 사용했으며, 특히 불안정애착 유형 중에 회피형 산모들이 다른 유형의 산모들과 비교하여 분만 중 가장 많은 마취제를 사용하는 것으로 조사되었습니다.[47]

이러한 사실은 회피형의 특징으로 알려진 것처럼 내면적으로는 집착/몰두 유형보다 더 큰 불안을 느끼지만 겉으로는 감정을 억압하고 표현하지 않아 불안을 느끼지 않는 것처럼 보이는 것과 일치합니다.

그리고 마취제의 과도한 사용은 산모의 옥시토신 분비를 경감시켜 분만 시간을 장기화하는 원인이 되기 때문에 불안정애착 유형의 분만시간이 안정애착 유형에 비해 오래 걸릴 확률이 높다는 것을 알 수 있습니다.

또한 출산 이후 분만 경험에 대한 정신적 충격으로 나타나는 산후트라우마장애(Postpartum post-traumatic disorder) 역시 불안정회피 유형의 산모들이 다른 유형의 산모들보다 더 높게 나타난다는 것도 회피형의 강한 불안심리를 통계적으로 증명하는 증거입니다. (참고: 산후 트라우마 장애는 전체 산후 여성의 0.2%에서 나타난다고 알려져 있습니다.)

그러므로 임산부의 불안정애착 상태에서 나타나는 불안과 스트레스 반응이 강하면 강할수록 분만 과정에서의 고통도 심하게 느낄 뿐만 아니라 분만 과정 자체도 생리적인 의도와는 달리 어렵게 진행될 가능성이 높습니다. 애착 유형별로 나타나는 분만 과정에서의 특징을 소개하면 다음과 같습니다.

안정형	•분만 중 가장 고통을 적게 느끼는 유형임 •감정을 조절하여 호르몬의 기능이 안정됨 •다른 유형들에 비해 가장 적은 마취/진통제 사용 •배우자의 지지가 분만 중 고통 경감에 효과가 있음 •산후 트라우마 증세 보이지 않음
불안정회피/ 거부형	•집착/몰두 유형의 산모보다 분만 중 고통을 적게 느낌 •감정을 억압함 (내면적으로는 강한 불안과 두려움이 작용함) •가장 많은 마취/진통제 사용 - 분만시간 장기화 가능성 •분만 중 배우자의 지지가 오히려 고통을 더 가중시킨다고 진술 •산후 트라우마 증세를 경험할 가능성이 가장 높은 유형임
불안정집착/ 몰두형	•다른 유형들보다 분만 중 고통을 가장 강하게 느낌 •감정에 압도됨 (불안과 두려움이 강하게 작용하여 고통에 반영됨) •안정형보다 많은 마취/진통제 사용 - 분만시간 장기화 가능성 •배우자의 지지와 상관없이 고통을 강하게 느낌 •산후 트라우마 증세 가능성이 있음

안정애착 유형의 산모들이 분만 중에 가지는 독특한 특징들의 기저에는 옥시토신의 역할이 크게 작용합니다. 산모가 고통을 덜 느낄 수 있도록 돕는 것도 옥시토신의 분비로 인해 베타-엔돌핀의 진통 역할이 제 기능을 수행할 수 있기 때문입니다.

또한 배우자가 분만 중에 지지해주는 것에 대한 반응 역시 옥시토신의 분비와 관계가 있습니다. 옥시토신은 배우자의 지지 상황뿐만 아니라 산모가 친한 친구들과 수다를 떨며 이야기를 나눌 때에도 작용할 만큼 친밀한 인간관계 상황에서 작용하기 때문입니다.

이에 더하여 옥시토신은 안정감을 높이는 기능과 함께 기억을 억제하는 기능이 있기 때문에 분만 후에는 힘들었던 출산 과정은 쉽게 잊을 수 있도록 도우면서 동시에 안정감을 찾고 태어난 아기와 빠른 애착 형성을 할 수 있도록 기능합니다.

그러므로 임산부의 안정애착은 순탄한 출산을 위해 핵심적인 역할을 수행합니다. 만약 당신이 불안정애착 유형이라면 이 책의 Part 3와 Part 5의 내용을 다시 한 번 면밀히 살펴보면서 마음의 생각과 감정을 새롭게 경험할 수 있는 관계와 기회를 자주 갖는 것이 중요합니다. 아울러 깊은 이야기를 나누며 마음을 공감할 수 있는 안전기지와 같은 대상을 확보할 수 있다면 매우 이상적인 준비가 될 것입니다.

그리고 안정된 출산을 위해 꾸준히 자신을 관리해 왔다면 자신의 애착 유형을 다시 한 번 측정해보고 자신의 점수 변화를 살펴보는 것도 좋습니다. 비록 점수 변화가 없거나 비슷하다고 할지라도 태아를 사랑하는 엄마로서의 마음을 유지하는 것은 다른 무엇보다 중요합니다. 아기를 사랑하는 마음을 끝까지 보여주고 실천하는 것이 아기에게 가장 필요한 요소이기 때문입니다.

실제로 엄마가 불안정애착 유형이라 할지라도 아기를 돌보는 과정이 안정애착 관계였을 경우 아기는 이후 안정애착 유형으로 성장하는 결과를 찾아볼 수 있습니다. 결국 아기에 대한 엄마의 사랑이 안정되어 있을 경우 아기는 엄마를 안전기지로 여기며 성장한다는 것을 알 수 있습니다. 엄마의 불안정한 모습이 어느 정도는 반영될 수 있겠지만 불안정한 감정을 지혜롭게 통제하며 아기가 보내는 신호에 민감하게 반응한다면 안정애착 관계를 형성할 수 있습니다.

임신 week 36

출산 이후 환경 변화

기다렸던 아기와의 만남은 분명 부부에게 흥분되고 기대되는 순간입니다. 하지만 출산 이후의 삶은 부부에게 많은 변화와 도전을 요구합니다. 심리적으로는 산후우울증에 대한 이해와 대비가 필요하고 부부간의 심리적 마찰의 가능성을 최소화할 수 있도록 서로 이해하고 돌보는 노력이 필요합니다. 아울러 출산 이전의 생활과는 전혀 다른 생활 환경이 주어지기 때문에 출산을 위한 환경 변화를 부부가 서로 구상하여 준비하는 노력이 필요합니다.

또한 출산에 따라 관계적 측면에서도 부부의 관계에서 부모의 관계로 확장될 뿐만 아니라 지인들과의 관계 또한 새로 태어나는 아기로 인해 확장됩니다.

이러한 산후 변화를 미리 예측하고 준비하는 과정은 보다 안정된 출산 이후의 생활을 위해 좋은 실천이 될 수 있습니다.

먼저 임산부에게 출산은 기쁨과 감격과 보람을 주는 최고의 순간이지만 동시에 많은 임산부들에게는 우울감이 경험되는 계기로 작용하기 때문에 산후우울증이 무엇이며 어떻게 대처해야 하는지 알아두는 것은 산모의 심리적 안정 확보를 위해 유용합니다.

산후 우울은 크게 3가지로 증세에 따라 구분합니다. 산후 우울감(postpartum blues)은 출산 후 85%의 산모들이 일시적으로 경험하는 우울한 감정으로 대개 분만 후 2~4일 내로 시작되지만 2주 안에 호전되는 성향이 있습니다.

하지만 약 10~20%의 산모들은 좀 더 심각한 우울 증세를 경험하고, 치료가 필요한 수준의 우울 감정을 느끼며, 일반적인 경우보다 장기간의 회복 과정이 필요한 산후우울증(postpartum depression)으로 발전하기도 합니다. 또한 출산 이전 임신기 우울증을 경험하였을 경우 출산 이후까지 이어져 회복이 장기화될 가능성이 높아집니다.

마지막으로 산후우울증의 가장 극심한 형태인 산후정신증(postpartum psychosis)은 산모의 약 0.1~0.2%에서 나타나는데 산모의 마음이 매우 불안정한 상태로 일상생활이 어렵게 되어 입원과 약물치료, 상담이 복합적으로 필요한 경우를 말합니다.

이와 같이 산후우울증은 다양한 형태로 나타날 수 있으며 연구에 따르면 출산 직전 우울 증상을 보인 산모가 거의 30%에 육박하는데 이들은 이후 산후우울증으로 이어질 확률이 매우 높다고 보고합니다. 산후우울증으로 발전할 수 있는 위험요소는 다음과 같습니다.

♥ 출산 전 우울증 또는 과거 우울증 병력을 가지고 있는 경우
♥ 신생아 돌봄에 대한 스트레스가 심한 경우
♥ 인간관계나 정서적 지지 자원이 빈약한 경우
♥ 삶의 환경에서 스트레스 사건들이 많은 경우
♥ 출산 전 불안감이 심했던 경우
♥ 결혼생활이 불만족한 경우

그러므로 출산 이후의 심리적 변화에 대처하기 위해 지금부터 환경적인 변화를 시도하는 것이 좋습니다. 즉 만약 현재 우울 증세로 임산부가 힘들어하고 있다면 다양한 시도를 통해 출산 이후의 심리 변화를 예방하고 대처하는 것이 바람직합니다.

특히 임산부의 우울증은 산모 자신만의 노력으로 극복하기가 매우 어렵기 때문에 배우자와 가족구성원의 협력이 중요하며 예방과 개선에 큰 도움이 될 수 있습니다.

출산 후 임산부의 심리적 변화에 대한 방안	
임산부 본인의 대처	•자신의 감정을 충분히 표현하도록 노력하십시오. •배우자와 단 둘이 가질 수 있는 시간을 따로 떼어 친밀감을 높이십시오. •친한 사람들과 교제를 하면서 스트레스를 완화하십시오. •주관적으로 느껴지는 생각들을 버리고 객관적인 생각들을 취하도록 노력하십시오.

배우자의 협력	•좋은 부부관계를 유지하도록 산모에게 배려하십시오. •많은 감정이 일어날 수 있는 산모의 상태를 인정하고 공감할 수 있도록 들어주고 마음을 나누십시오. •태아에게 관심을 가지고 적극적인 행동으로 사랑을 표현해 주십시오. •산모가 친한 사람들과 즐겁게 교제할 수 있도록 협력해 주십시오.
가족의 협력	•임신 후기에는 산모가 좋은 수면을 취하기가 힘들어집니다. 산모의 관점을 배려하여 생활을 조정하십시오. •산모와 이야기를 많이 하십시오. •출산 후의 즐거운 생활을 함께 그려보고 나누어 보십시오.

출산 후의 또 다른 주요한 환경 변화는 부부 중심에서 아기 중심으로 바뀐다는 데 있습니다. 아기를 위한 공간 마련뿐만 아니라 수유 및 양육을 위한 소소한 일들이 많기 때문에 부모의 손길이 많이 필요하게 됩니다. 임신 후기에 이러한 예측 가능한 환경적 변화를 미리 생각하고 준비하는 것은 바쁘게 돌아가는 출산 후의 초기 생활에 많은 도움이 될 수 있습니다. 먼저 아기와 함께하는 생활을 준비하기 위해서는 신생아의 신체 상황을 이해하는 것이 효과적입니다.

환경 조율을 위해 필요한 신생아에 대한 정보는 다음과 같습니다.

- ♥ 신생아는 생후 1개월 동안의 아기를 말합니다. 이 기간은 일생 중 가장 취약한 시기로 병이나 감염이 쉽게 발생할 수 있습니다.
- ♥ 신생아 시기의 경우 하루 평균 약 18시간 이상 잠을 자는 것이 일반적이며 수면의 리듬 또한 2~4시간 간격이기 때문에 한밤중에도 여러 차례 부모가 일어나 돌보는 상황이 발생합니다.
- ♥ 신생아의 정상 체온은 36.5~37.5℃로 성인의 체온보다 높습니다.

혈액순환 작용이 불안정하여 손과 발이 차고 온도 변화에 쉽게 영향을 받습니다.

♥ 신생아의 체중은 2.6~4.0kg가 일반적이며 2.5kg 미만은 저체중아라고 하며 4.0kg 이상을 과체중아라고 합니다.

♥ 시력은 모유 수유시 엄마의 얼굴을 볼 수 있는 20~30cm 정도입니다.

출산 후 환경 변화를 조율하기 위한 정보는 다음과 같습니다. 배우자와 함께 앞으로 태어날 아기를 위해 공간을 마련하고 환경을 조성하는 일은 색다른 즐거움이 될 수 있습니다.

♥ 아기에게 적합한 환경으로 온도는 20~25℃, 습도는 50~60%가 적당합니다.

♥ 아기를 눕힐 바닥은 너무 딱딱하지도 너무 푹신하지도 않는 환경이 좋습니다.

♥ 질병 감염에 취약하므로 습기가 많은 곳이나 너무 건조한 곳은 좋지 않습니다.

♥ 시끄러운 환경은 아기에게 좋지 않으므로 환경 변화에 소음을 고려합니다.

♥ 아기의 방을 따로 마련할 것인지, 부모 곁에 둘 것인지 상의하여 공간을 결정합니다. (예를 들어 심하게 코를 고는 상황, 밤중 수유를 위한 상황 등을 고려합니다.)

♥ 아기에게 필요한 신생아 육아용품은 임신 후기에 미리 준비하는 것이 바람직합니다.

출산으로 인한 가장 큰 관계의 변화는 부부에서 부모로의 위치 변화일 것입니다. 출신과 함께 부모는 아기를 보호하고 양육하는 책임을 가시게 됩니다. 아기와 보다 건강한 관계를 형성하기 위해서는 부부가 임신기에서부터 아기에 대한 시각을 조율하여 태어날 아기를 맞이할 준비를 하는 것이 좋습니다.

♥ 태아는 생명을 가진 완전한 인격체로 동등한 인간으로서의 권리와 존엄성을 가지고 있습니다.
♥ 태아는 독립된 인격체로 부모의 소유가 아니라 책임 있는 양육과 관리를 통해 성장할 사랑의 대상입니다.
♥ 태아는 앞으로 부모와 가장 가까운 친밀 관계를 형성하므로 부모의 사랑과 영향을 가장 많이 받고 닮아가게 될 대상입니다.

출산은 부부뿐만 아니라 태어날 아기를 둘러싼 지인들에게도 기쁜 소식이 될 것입니다. 출산으로 인해 지인들은 태어날 아기와 새로운 관계가 형성되며 부부에게도 새로운 지위를 부여하게 될 것입니다.

출산의 기쁨을 함께 나눌 지인들의 목록을 미리 준비하는 것도 관계적 조율을 위해 중요한 일입니다. 출산은 아기와 관련된 전문가 또는 도우미들과의 새로운 만남을 시작하게 합니다.

먼저 산후조리원을 이용할 것인지 아닌지를 부부가 결정해야 하며 이용한다면 어느 곳을 이용할 것인지 선택하는 것은 새로운 도우미들과의 만남과 관계를 형성하는 중요한 결정이 될 것입니다. 만약 산후조리원을 이용하지 않는다면 향후 신생아 시기의 새롭게 변화된 일정과 산모의 출산 후 회복을 어떻게 대비할 것인지 미리 계획하는 것이 현명합니다.

또한 집에서 가까운 소아과 병원은 어디에 위치해 있는지, 어느 곳이 좋은 병원으로 추천되고 있는지 임신 후기에 살펴보는 것 또한 출산을 위한 준비로서 필요한 일입니다.

출산 이후 생활을 위해 아기에게 필요한 환경을 준비하는 것도 필요하지만 산모를 위한 환경도 고려해야 합니다. 아기는 세상을 적응하는 생활이지만 산모는 출산 후 회복이 필요한 생활입니다. 그러므로 산모가 아기를 돌보면서 회복할 수 있는 쾌적한 환경이 필요합니다. 산후 조리원을 이용한다고 할지라도 산모의 회복은 단기간에 이루어지지 않기 때문에 산모에게 필요한 용품은 어떤 것들이 있는지, 영양공급을 위해 식단을 집에서 어떻게 준비할 것인지 생각해두어야 합니다.

임신 week 37

행복한 가정의 토양 만들기

땅에서 자라는 식물은 토양에 따라 식물의 건강 상태는 물론 열매의 질도 달라집니다. 좋은 토양은 자신이 품은 식물을 건강하게 만들고 좋은 열매를 많이 맺도록 하지만 좋지 않은 열악한 토양은 식물을 병들게 하고 열매의 질을 떨어뜨리거나 심지어 열매를 맺지 못하게 합니다. 가정이란 태어나는 아기에게 마치 토양과 같습니다. 가정 안에 속해 있는 가족구성원은 가정의 토양에 따라 그 구성원들이 행복하기도 하고 불행하기도 합니다.

그러므로 가정의 환경을 어떻게 만들어 가는가는 가족구성원 모두의 정신적 건강뿐만 아니라 육체적 건강에도 큰 영향을 미칩니다.

행복한 가정의 환경을 만들어 가기 위해서는 가족공동체를 이끌어 가는 부부의 노력이 우선되어야 합니다. 좋은 토양을 만들기 위해 딱딱한 흙을 뒤엎고 돌을 걸러내고 식물을 위해 비료를 주는 것처럼 가정의 토양에서도 딱딱해진 마음이 있다면 부드럽게 해야 하고 돌을 걸러내듯 자신의 모난 부분을 깎아내는 노력이 있어야 합니다. 특히 나와 배우자와의 관계 방식은 태어날 아기와 갖는 애착 관계에서 동일한 방식을 사용하게 되며 이것은 아기가 자신의 성격을 형성하는데 중요한 바탕으로 작용합니다.

결국 앞으로 태어날 아기는 부모가 형성한 가정의 토양 위에서 자라게 됩니다. 부모 자신의 성품이 곧 아기가 자라게 될 토양이 되는 것입니다. 다시 말하면 아기가 행복하게 자랄 수 있는 건강한 토양은 안정감 있는 부모의 성품이라고 할 수 있습니다.

물론 아기가 처음 맞이하는 외부적인 환경도 중요합니다. 그러나 아기에게 있어서 절대적인 환경은 부모의 마음 환경입니다. 안정감 있는 부모의 토양을 갖추기 위해 다음 사항을 점검해 보는 것이 좋습니다. 부부가 함께 자신의 모습을 생각해 보고 표를 완성해 보십시오.

엄마, 아빠의 토양 확인하기	
엄마가 생각하기에 아기에게 좋은 엄마 성품	
아빠가 생각하기에 아기에게 좋은 아빠 성품	
엄마가 생각하기에 아기를 위해 개선할 엄마 성품	

아빠가 생각하기에 아기를 위해 개선할 아빠 성품	

행복한 가정을 위한 토양은 아이에 대한 부모의 시각을 점검하는 것도 중요한 과제입니다. 부모가 아기를 어떻게 보는가에 따라 아기를 향한 가정에서의 태도가 달라지기 때문입니다.

예를 들어 고대 시대는 아기(자녀)는 '부모의 소유'라고 생각하여 부모가 마음에 들지 않을 경우 쉽게 버려지기도 했습니다. 고대 로마 사회의 경우 가부장적 시각이 매우 강하여 아버지의 결정에 따라 아기를 팔기도 하고 심지어 종교의식에 따라 살해하는 문화도 있었습니다.

지금처럼 아기와 아동을 성인의 돌봄이 필요한 존재라고 인식하기 시작한 것은 르네상스 이후의 일입니다. 현대 교육학의 시조로 알려져 있는 코메니우스(Johann Amos Comenius, 1592-1670)는 아기에 대하여 '신의 가장 귀중한 선물'이라는 제목으로 글을 쓸 만큼 이전과는 다른 시각으로 아기를 보도록 촉구했습니다. 코메니우스의 자녀관은 성서가 말하는 자녀에 대한 시각을 반영한 것으로 부모가 자녀의 소유주가 아니라 자녀를 잘 양육해야 할 책임 있는 청지기 역할을 해야 할 것을 강조하고 있습니다.

현대 우리 사회는 개인의 가치관이 강조되어 자녀에 대한 시각이 제각기 다릅니다. 분명한 사실은 아기의 출산과 함께 맞이하게 될 새로운 가정의 환경에서 내가 꿈꾸는 행복한 가정을 세우는 데에는 부모로서 아기를 보는 시각이 매우 큰 역할을 한다는 것입니다.

지금도 여전히 어떤 가정에서는 자녀를 소유화하여 학대하거나 부모의 욕구대로 양육하는 경우를 종종 볼 수 있으며, 반대로 사랑과 돌봄을 충분히 공급하고 자녀의 특징을 살려 후원하는 청지기로서의 부모 역할을 하는 경우도 많이 볼 수 있습니다. 특히 사랑이라는 이름으로 부모의 욕구를 자녀를 통해 해소하려는 집착(잘못된 애착)이 결국 자녀의 삶에 문제가 되는 모습도 사회 현상에서 종종 보게 됩니다.

그러므로 앞으로 태어날 아기에게 좋지 않은 영향을 줄 수 있는 해소되지 않은 욕구가 혹시 나에게 또는 배우자에게 있지는 않은지 살펴보고 경계하는 것은 부모에게 중요한 과제입니다. 예컨대 나에게 성취욕이나 인정받고 싶은 욕구가 강할 경우 나의 성취감을 위해 또는 타인에게 인정받기 위해 자녀를 도구로 사용하는 일들이 나도 모르게 일어날 수 있습니다. 그러므로 다음의 질문을 살펴보고 그것으로 인해 파생된 나의 성격적 특징이나 해소되지 않은 욕구가 있다면 어떻게 행동으로 나타나는지 생각해 보는 것이 바람직합니다.

- 외부적 환경, 또는 부모 의지로 인해 이루지 못한 꿈이 있습니까?
- 성장하면서 비교를 당하여 마음에 피해의식이나 패배의식이 있지는 않습니까?
- 어린 시절의 양육이 방임적이거나 학대적이지 않았습니까?
- 삶의 주요 결정이 부모 또는 타인이 주체가 되어 정해지지는 않았습니까?

어린 시절의 미해결된 문제들은 끊임없이 나에게 영향을 주며 특정 행동을 하도록 압박합니다. 예를 들어 비교와 함께 항상 거절을 당하며 자랐다면 비교나 거절을 경험하지 않기 위한 행동으로 압박을 느낍니다. 비교 당하지 않으려고 완벽하게 행동하거나, 거절 당하지 않으려고 속마음은 싫은데 싫은 내색을 보이지 못합니다. 중요한 것은 이러한 미해결된 문제들은 항상 '관계'를 망가뜨린다는데 있습니다.

결국 부부 간에도 문제를 일으키며 출생 이후 아기를 양육 할 때도 영향을 미칩니다. 그러므로 위의 질문들을 살펴보면서 나의 행동을 점검해 보는 것은 현재 나의 가정이 미해결된 요인으로부터 영향을 받지 않도록 하기 위한 좋은 실천입니다. 다음은 행복한 가정을 만들기 위해 부부가 함께 살펴보아야 할 사항들입니다.

- 부부가 아기양육에 대하여 서로 다른 견해가 있다면 자신의 견해에 대한 충분한 근거가 있는지, 정확한 사실은 무엇인지 살펴보아야 합니다. 내가 부모로부터 받은 양육이 올바를 수도 있지만 아닐 수도 있습니다.
- '나'와 배우자의 원가족과는 전혀 다른 새로운 가정이 되어야 합니다. 미해결된 문제가 지속될수록 원가족의 미해결된 모습이 대를 이어 나타납니다. 행복한 가정은 부부의 독특한 특징이 서로 존중되어 상충되지 않습니다.
- 건강한 가정은 소통이 자유로운 가정입니다. 미해결된 문제는 감정을 조절하지 못하게 하므로 소통이 자유롭지 못합니다. 임신과 출산은 부부의 공감과 소통을 이끌어 낼 수 있는 좋은 주제입니다. 부부가 함께 경험하는 주제도 소통하지 못한다면 다른 주제들은 더욱 어려울 수 있습니다.

임신 week 38

부부,
안전기지이자 은신처

어린아이가 자유롭게 놀다가도 위험을 만나면 자연스럽게 엄마를 찾아 안정감을 느낍니다. 그리고 엄마 품에서 충분히 안정감을 얻은 아이는 다시 놀기 위해 엄마 품을 떠나 밖으로 나갑니다. 단순한 이야기이지만 이러한 패턴은 애착 유형 중 안정형에 속한 아이들의 대표적인 특징입니다.

이와 같이 안정감의 근거지가 되는 대상을 안전기지 또는 안전한 은신처라고 말합니다. 좀 더 자세히 말하면 위험 상황에서 불안한 감정을 해소하고 안정감을 찾기 위해 언제든지 돌아올 수 있는 대상을 '안전한 은신처'라고 하며, 다시 밖으로 자유롭게 나갈 수 있도록 만드는 마음속의 든든한 버팀목처럼 믿을 수 있는 대상을 '안전기지'라고 말합니다.

하지만 안전한 은신처와 안전기지는 어린 아이들에게만 필요한 대상이 아닙니다. 성인 역시 건강한 마음을 유지하기 위해서는 동일하게 안전한 은신처와 안전기지 같은 대상이 필요합니다.

심리학에 따르면 안정애착 유형의 성인들은 어린 시절 주양육자(부모)로부터 안전한 은신처와 안전기지 대상을 반복적으로 경험하면서 마음속에 그 기능이 자리잡아 비록 안전기지 대상이 현재 없다고 할지라도 위기 상황에 잘 대처하며 안정감을 누리는 특징이 있습니다.

하지만 불안정애착 유형의 성인들은 안정애착 유형의 성인들보다 위기 대처능력이 떨어지며 다른 사람에게 도움을 청하는 것을 어려워하고 불안에 쉽게 노출되는 특징이 있습니다. 그러므로 부부가 된 성인에게 가장 이상적인 상호작용은 부부가 서로 안전한 은신처가 되어주고 안전기지로 든든하게 세워주는 역할을 함으로서 안정감을 상호 제공하는 것입니다.

임신과 출산은 기쁘고 행복한 과정이지만 심리학적으로는 동시에 위기로 분류되기 때문에 임산부는 물론 배우자에게도 안전한 은신처와 안전기지의 대상이 요구되는 상황입니다. 임신과 출산이 위기로 분류되는 이유는 위기의 주된 특징이 삶의 변화를 요구하는 것이기 때문입니다.

임신과 출산은 지금까지의 삶의 패턴을 바꾸기 때문에 새로운 삶의 질서를 요구합니다. 내 맘대로 할 수 있었던 활동의 자유가 제한되고 태아를 위해 식생활도 신경 써야 합니다. 사회적 활동 변화를 요구하여 임산부 모임과 같은 새로운 관계를 촉진하기도 합니다.

그리고 임신이 새로운 질서를 부부에게 요구하는 것과 마찬가지로 출산도 이후의 삶을 다시 새롭게 변화시킵니다. 임신과 출산은 서로 이어지는 과정이지만 개별적인 위기 과정이기 때문입니다.

출산 이후의 삶은 먼저 부부 중심에서 아기 중심의 생활로 생활의 축이 바뀝니다. 평소 시간을 나누어 아기를 위해 사용해야 하며, 스스로 생존할 수 없는 아기의 특징은 24시간 돌봄을 요구합니다.

산모 역시 몸을 회복하기 위해 충분한 휴식과 돌봄이 필요합니다. 그러므로 임신과 출산의 과정은 행복을 누릴 수 있는 삶의 사건이기도 하지만 동시에 긴장과 함께 안정감이 요구되는 과정이기도 합니다.

임산부와 배우자는 서로를 아끼며 돌봄으로 언제든지 다가가서 안정감을 느낄 수 있는 안전한 은신처가 되어야 합니다. 출산을 앞두고 있는 임산부의 긴장된 마음을 공감하고 안정감을 느낄 수 있도록 배우자가 지지하는 역할을 해야 합니다. 다가오는 출산을 용기 있게 맞이하도록 버팀목이 될 수 있는 안전기지의 역할을 해야 합니다.

배우자를 통해 안정감을 경험한 임산부는 전혀 불안해하지 않을 수는 없을지라도 충분히 안정되어 있는 모습을 보여줌으로 배우자에게 안전기지의 역할을 할 수 있습니다. 배우자 역시 긴장된 상태이기 때문에 안정감 있는 임산부의 모습을 확인하면서 자신 역시 안정감을 느낄 수 있기 때문입니다.

이와 같이 부부는 서로 안전한 은신처와 안전기지로 기능할 때 삶의 코너에서 맞이하는 위기 상황을 효과적으로 대처할 수 있는 힘을 얻게 됩니다. 부부가 맞이하는 삶의 크고 작은 위기들은 어느 한 쪽의 문제가 아닙니다.

남편의 문제라고 아내가 자유롭지 못하고 아내의 문제라고 남편이 자유롭지 못합니다. 다가오는 출산 역시 아내와 남편이 함께 풀어가면서 서로가 안전한 은신처와 안전기지가 되어 줄 때 출산이 주는 본래의 목적인 가정의 행복이 극대화 될 수 있습니다.

임신 week 39

미리 보는 한 살의 마음

출산을 기점으로 임신기에 태아를 잉태하기 위해 준비되었던 임산부의 몸은 본래의 모습으로 돌아가는 과정을 거치게 되며 아기는 태어난 순간부터 성장하면서 한 인간으로서의 발달을 시작합니다.

그러므로 출산 이후의 생활은 아기와 엄마 모두에게 중요한 시간이라고 할 수 있습니다. 특히 아기에게 생후 1년 동안의 생활은 인생 전체를 좌우할 만큼 매우 중요한 기간이기도 합니다.

아기의 생후 1년간의 생활을 쉽게 요약하자면 마치 마음에 쏙 드는 전자제품을 새로 구입하여 사용하기 전에 기초 환경을 조성하는 시간과 같다고 할 수 있습니다. 전자제품을 제대로 사용하기 위해 나에게 필요한 용도에 맞도록 모든 기능을 조정하고 사용설명서를 통해 이미 알고 있는 기능 외에 새로운 기능은 무엇이 있으며 어떻게 사용하는지 작동법을 익히는 과정과 같습니다. 처음에는 어색할 수 있지만 일단 기능을 익히고 나면 그 다음부터는 사용하기가 매우 편리해집니다.

아기의 생후 1년 동안의 생활도 마찬가지입니다. 첫 1년 동안의 생활은 아기에게는 자신의 몸과 마음을 어떻게 사용하는지 익히는 시간과도 같습니다. 또한 환경에 적응하고 관계를 형성하는 방법을 배우게 됩니다.

이미 엄마 뱃속에서부터 사용하던 것들도 있습니다. 청각이나 후각, 촉각과 같은 기능은 태내에서부터 발달하여 출생 즉시 사용할 수 있습니다. 하지만 시각, 인지능력, 감정조절과 공감능력 등과 같은 기능들은 출생 이전에 구성되었다 하더라도 출생 이후 점차 그 기능이 발달하게 됩니다. 그리고 초기 1년 동안 습득한 신체능력, 정신기능, 태도, 세계관 등은 점차 익숙해지면서 자신만의 독특한 성격으로 발전하게 됩니다.

이러한 능력들을 제대로 사용하기 위해 생후 1년 동안 가장 빠르게 발달하는 기관이 바로 '두뇌'입니다. 그래서 아기의 생후 첫 1년은 '뇌 발달의 기간'이라고 요약할 수 있습니다.

그리고 아기의 뇌 발달에서 가장 중요한 역할을 하는 것은 바로 '엄마(주양육자)와의 관계'입니다. 아기가 엄마와 어떤 경험을 하는가에 따라 두뇌가 다르게 발달하기 때문입니다. 특히 엄마와의 관계 경험은 앞으로의 모든 관계에서 대상을 이해하는 규칙처럼 작용합니다. 그래서 엄마와의 관계를 어떻게 경험하는가에 따라 아기는 세상을 어떻게 인지할 것인지, 감정을 어떻게 다룰 것인지 방향을 정하게 됩니다.

독일계 미국의 발달심리학자이자 정신분석가였던 에릭 에릭슨(Erik Erikson, 1902-1994)은 이러한 방향이 엄마와의 관계의 질에 따라 결정되는데,

특히 생후 1년 동안은 엄마와 관계하면서 세상을 "신뢰할 것인지 아니면 불신할 것인지"의 방향을 정하게 된다고 말했습니다.

아기가 엄마와의 관계를 통해 세상을 이해하려는 절대적인 이유는 비록 출산 이후라고 하더라도 여전히 아기에게 엄마는 모든 것이기 때문입니다. 특히 엄마는 아기의 생존과 관계하며 모든 필요를 공급하는 주 양육자입니다. 그렇기에 아기는 엄마와 육체적으로든, 정서적으로든 떨어지지 않으려 합니다. 또한 뇌 발달은 경험을 통해 이루어지기 때문에 아기가 경험하는 주된 대상이 엄마라는 점은 결국 엄마와의 관계가 아기의 뇌 발달에 지대한 영향을 미친다는 것을 반영합니다.

아기는 엄마와 관계하면서 시각을 발달시키고, 인지능력과 정서조절능력, 그리고 공감능력을 발달시키게 됩니다. 특히, 생후 1년 동안의 기간은 자신의 감정을 어떻게 조절하고 사용할 것인지를 결정하는 핵심적인 기간입니다.

이 시기의 아기는 아직 말이나 언어를 사용하지 못합니다. 다만 앞으로 언어를 사용하기 위해 사물의 모양과 의미를 나타내는 정보를 오감을 사용하여 두뇌에 입력하여 기초를 다질 뿐입니다. 이 시기의 아기는 자신의 의사를 표현하기 위해 말과 언어 대신에 울거나 웃거나 짜증을 내는 등의 감정을 사용합니다.

다시 말해서 이 시기의 아기의 울음이나 웃음, 행동 표현들은 엄마와 소통을 원하는 의사 표현이기 때문에 엄마는 아기가 원하는 의도를 잘 살펴보는 것이 좋습니다. 성인이 말로 자신의 의사를 자유롭게 표현하듯 이 시기의 아기들은 말 대신 감정을 사용합니다. 엄마와의 관계에 따라 성장하면서 감정의 강약을 조절하기도 하고, 종류와 범위를 정하고 표현할 방법을 선택합니다.

만약 엄마와의 관계가 신뢰를 바탕으로 한 안정적인 애착 관계가 형성된다면 아기는 긍정적인 감정을 주로 느낄 것이며 부정적인 감정들을 조절하는 법을 배울 것입니다. 또한 감정의 범위에서는 지나치게 감정을 많이 사용하지도 않을 것이며 무감각한 것처럼 감정에 메마르지도 않을 것입니다. 엄마가 아기의 감정을 공감하고 아기가 조절할 수 있도록 도울 것이기 때문입니다.

반면에 엄마와의 관계의 질이 좋지 않아 불신으로 불안정한 애착 관계가 형성된다면 아기는 부정적인 감정을 주로 느낄 것이며, 감정을 조절하는 법을 배우지 못해 울거나 짜증내는 것이 점점 심해질 수 있습니다.

또한 감정의 범위에서는 지나치게 감정을 많이 사용하여 빈번히 울고 짜증을 내거나 반대로 스스로 감정을 억압하면서 불만족을 해결하는 아기로 발달할 수 있습니다. 이는 주양육자인 엄마가 아기를 자신의 감정대로 양육하여 아기가 감정을 조절하기보다 오히려 불안감을 더 느끼게 만들거나, 반대로 아기를 방치하여 감정조절을 배울 기회를 갖지 못하도록 만들기 때문입니다.

그러므로 아기는 생후 약 1년 동안 주양육자인 엄마와 어떤 관계를 맺는가에 따라 엄마뿐만 아니라 세상을 신뢰할 것인지 아니면 불신할 것인지에 대한 앞으로의 방향을 정하게 됩니다. 즉 엄마를 신뢰할수록 아기는 성장하면서 엄마를 안전기지로 삼고 환경(세상)을 자유롭게 탐험할 수 있지만, 엄마를 불신하게 되면 불안으로 인해 환경(세상)을 탐험하기보다는 엄마에게 붙어 있어 떨어지지 않으려 하거나 반대로 자기 자신에게 몰두하여 자기세계에 빠지게 됩니다.

만약 생후 1년의 엄마와의 관계가 학대적이라면 문제는 더 심각해집니다. 엄마가 자신의 감정을 통제하지 못해 우는 아기에게 폭발하고 구타와 함께 거칠게 다룬다면 아기는 엄마를 공포의 대상으로 느끼게 됩니다. 하지만 아기는 생존하기 위해 여전히 엄마를 찾을 수밖에 없습니다.

아기가 필요를 위해 엄마에게 다가갈 수밖에 없지만 공포를 가지고 접근하다보니 엄마를 대할 때 이러지도 저러지도 못하는 혼란을 겪게 됩니다. 학대적 양육을 받은 아기들은 두려움과 공포라는 주요 감정을 중심으로 생각과 행동이 발달하게 됩니다. 결국 생후 1년 동안 엄마와의 관계에 따라 아기들은 생각과 감정 그리고 태도와 세계관을 발달시키면서 이 세상을 신뢰할 것인지 불신할 것인지 방향을 정합니다.

임신 week 40

안전기지 엄마 되기

새로운 생명으로 탄생한 아이가 경험하는 이 세상은 불안하고 두려운 세상일 수도 있지만, 반대로 재미있고 흥미로운 세계일 수도 있습니다. 아기가 환경을 즐겁고 재미있고 배울 것이 많은 곳으로 느끼기 위해서는 엄마(주양육자)가 두 가지 역할을 해주어야 합니다. 바로 안전기지(security base)와 안전한 은신처(safe haven)의 역할입니다.

애착 이론은 아기가 안정애착을 형성하기 위해서는 이 두 가지 기능이 주양육자에게 반드시 있어야 한다고 말합니다.

안전기지와 안전한 은신처에 대한 내용은 이미 여러 차례 설명한 바 있습니다.(임신 week 15, week 38 내용 참조) 그만큼 안정애착 형성을 위해 중요한 역할이기 때문입니다. 하지만 안전기지와 은신처의 역할은 그 어느 때보다도 생후 1년 동안의 기간에서 핵심적으로 기능합니다.

이 기간의 안전기지와 안전한 은신처는 아기가 자신의 의지와 자율성을 가지고 주변 환경을 자유롭게 탐색하도록 만드는 안정감의 동력을 제공하는 역할을 합니다. 특히 신생아 시기에는 주변을 돌아다닐 수조차 없지만 기어다니는 시기(대략 생후 5~6개월)부터는 안전기지와 은신처의 역할이 아기의 자율성과 정서조절능력 발달에 큰 영향을 미치게 됩니다.

하지만 안전기지와 은신처를 결정하는 주체는 아기입니다. 즉 아기가 안전기지 또는 은신처로서 엄마(주양육자)를 느껴야 비로소 안전기지 또는 은신처로서 역할을 하는 것입니다. 그러므로 엄마의 관점이 아니라 아기의 관점에서 돌봄을 제공하는 것이 핵심입니다.

아기의 발달 상태를 아는 것은 엄마가 안전기지와 은신처 역할을 보다 쉽게 할 수 있도록 만들어 주는 지적 자산이 될 수 있습니다. 비록 아직 아기가 태중에 있지만 아기의 성장 과정을 미리 엿보는 것은 아기의 발달 상황에 따른 친밀한 애착 관계를 어떻게 형성할 수 있는지 아이디어를 제공할 수 있습니다.

더구나 생후 1년 동안의 아기의 발달은 육체적 영역뿐만 아니라 정신적인 영역에서도 매우 빠르게 성장하기 때문에 아기의 시기별 발달 상태에 관한 정보는 매우 유용하게 육아를 위해 활용될 수 있습니다.

시기	발달 특징
출생-1개월	•수면이 많은 시기로 일반적으로 18~22시간을 잠으로 보냅니다. •의지보다는 반사반응으로 움직입니다. •소리에 반응하고 엄마의 목소리를 인식합니다.
2-3개월	•서서히 반사반응에서 의지를 가진 자율행동을 보이기 시작합니다. •목을 가누기 시작합니다. •다리를 들거나 손을 뻗으며 반응합니다. 근육이 발달하고 힘이 붙는다는 것을 알 수 있습니다. •신체발달순서는 위(목)에서 아래(다리)로, 안쪽(가슴)에서 바깥(팔, 다리)으로 서서히 발달합니다. •옹알이를 시작합니다.
4-5개월	•감정을 표현합니다. •뒤집기를 할 수 있습니다. •색을 구분합니다. 시각이 발달한다는 것을 알 수 있습니다. •낯가림을 시작합니다.(낯가림은 안정적으로 애착 관계가 형성되고 있다는 것을 의미합니다.)
6-7개월	•이유식을 시작할 만큼 소화기관이 발달합니다. •기어 다니며 주변 환경을 탐험합니다. 그만큼 시력이 멀리 볼 수 있다는 것을 의미합니다. •혼자서 앉아 있을 수 있습니다. •소리를 따라하려고 합니다. •물건을 입에 넣으며 사물을 배우기 시작합니다.
8-9개월	•무릎을 펴고 서 있을 수 있습니다. •작은 물건을 잡을 수 있습니다.
10-12개월	•걷기 시작합니다. •말을 하려고 시도합니다. •아직 말은 못해도 소통이 가능해집니다. 말보다 의미 이해가 먼저 선행된다는 것을 알 수 있습니다.

엄마는 아기의 발달 상태에 따라 안전기지와 은신처 역할을 달리 할 수 있습니다. 사실 아기가 반사적인 행동에서 벗어나 자율적인 의지를 보이기 시작하면 안전기지와 은신처의 역할이 보다 중요하게 기능해야 하는 시점이라고 할 수 있습니다. 안전기지와 은신처의 역할에 따라 아기의 자율성이 잘 발달될 수도 있지만 그렇지 않을 수도 있기 때문입니다.

우선 아기가 스스로 이동할 수 있는 기어다니는 시기를 기점으로 안전기지와 은신처 역할의 초점이 달라집니다. 아기가 스스로 이동할 수 없는 시기의 안전기지의 역할은 아이가 보내는 긍정적인 신호(웃기, 발차기, 옹알이 등)에 함께 반응하여 아기가 보다 자율적으로 신호를 표현할 수 있도록 돕는 것입니다.

반면에 은신처의 역할은 아기의 부정적인 감정 표현(울기, 던지기 등)에 민감하게 반응하면서 아기의 부정적인 정서를 공감해 주어 아기가 감정을 조절하도록 돕는 것입니다.

만약 아기가 스스로 이동이 가능한 시기라면 안전기지와 은신처의 역할은 보다 분명해져야 합니다. 이 시기의 안전기지 역할은 아기가 자율성을 적극적으로 활용할 수 있도록 돕는 것입니다.

하지만 아기가 무엇이든 원하는 것을 다 할 수 있도록 모두 허용하는 것을 의미하는 것은 아닙니다. 아기가 위험이나 어려움을 당하지 않도록 적절한 규칙과 통제가 일관적인 모습으로 제시된 상태에서 아기가 주변 환경을 자유롭게 탐험하도록 돕는 것을 말합니다.

스스로 이동이 가능해지면 아기의 활동량은 크게 늘어나는데 주양육자가 아기의 자율적 활동을 귀찮아해서 규제가 많아지거나 또는 방치하여 규제가 없으면 올바른 애착 관계 형성이 어려워집니다.

그러므로 일관적인 태도로 규제와 돌봄의 균형을 찾아 아기에게 제공하는 것이 안정애착의 핵심입니다. 또한 만약 아기가 주변 환경을 탐험하다가 종종 뒤를 돌아보며 엄마를 확인하면서 놀고 있는 모습이 확인된다면 아기가 엄마를 안전기지로 생각하고 있다는 것을 의미합니다.

이 시기의 은신처의 역할은 아기가 울면서 엄마를 찾거나, 놀라서 기어올 경우 적극적으로 받아주고 수용하면서 아기의 마음을 진정시키는 활동을 말합니다. 이때 설사 아이가 실수를 하여 울거나 놀란다고 하더라도 다그치거나 혼내서는 안 됩니다. 은신처의 일차적 역할이 정서 조절에 있기 때문입니다. 만약 훈육이 필요하다면 불안정한 마음이 진정된 이후 알아듣지 못하더라도 부드럽게 설명하는 것이 좋습니다.

생후 1년 동안의 아기의 경험은 뇌 발달과 맞물려 있습니다. 부모의 안전기지와 은신처 역할을 통해 아기의 두뇌는 마치 나침반의 바늘처럼 자신의 자율성을 어떻게 활용할 것인지, 감정은 어떻게 조절할 것인지에 대한 방향을 일정하게 가리키도록 구조화됩니다.

그리고 그 자율성과 정서조절은 아기의 '자기(self)'를 만들어 갑니다. 이렇게 초기에 애착 관계를 통해 형성된 자기의 특징 곧 애착 유형은 쉽게 바뀌지 않습니다.

하지만 인간의 두뇌는 무엇을 경험하는가에 따라 새롭게 적응하며 변화하는 '가소성(plasticity)'이라는 특징이 있기 때문에 새로운 경험을 통해 안전기지와 은신처를 다르게 경험한다면 유형이 바뀔 가능성은 얼마든지 있습니다. 생후 12개월 시기의 아기의 행동을 통해 발견할 수 있는 애착 유형의 특징과 부모의 양육 태도는 다음과 같습니다.

유형	특 징	부모 양육 태도
안정형	•엄마(주양육자)와 함께 있을 동안에는 탐색활동이 많음 •엄마가 보이지 않으면 불안해 하지만 다시 나타나면 쉽게 안정을 찾음 •엄마의 품에서는 감정조절로 부정적인 감정이 쉽게 진정이 됨 •엄마와 있을 때는 낯선 사람과도 소통함	•일관적인 돌봄 •안전기지 역할 •안전한 은신처 역할
불안정 회피형	•엄마(주양육자)와 반응이나 교류가 없음 •엄마가 보이지 않아도 불안 증세 보이지 않음 •자신을 귀찮게 하면 엄마를 회피함 •혼자서 잘 놀지만 엄마에게는 관심이 없음 •아이 자신이 안전기지와 은신처 역할을 함	•아이의 요청을 거절하거나 피함 •일관적인 회피 •아이보다 엄마 우선주의 양육
불안정 양가형	•엄마(주양육자)에게서 떨어지지 않으려 함 •엄마와 분리되면 극심한 불안과 분노를 표현 •엄마에 대한 양가감정을 가짐(좋아하면서 싫어함) •엄마를 신뢰하면서도 믿지 못함 •사소한 일에도 짜증을 내거나 울음을 보임 •자신의 요구를 얻기 위해 강하게 떼를 씀	•엄마가 감정에 따라 아이를 대함 •아이에게 과도하게 감정을 표현함 •아이를 대하는 부모의 태도가 불규칙함 •불안전한 안전기지와 은신처 역할
불안정 혼란형	•엄마(주양육자)가 위협적인 존재로 느끼며 두려워함 → 트라우마로 작용함 •엄마(주양육자)를 신뢰하지 않음 •주눅이 들어 있고 에너지가 없음 •스트레스 상황에서는 울면서도 엄마로부터 멀어지려 함(뒷걸음질) •안전기지와 은신처의 부재상태임	•학대적인 양육 •부모가 스트레스가 많음 •아이에게 분노 폭발함 •안전기지와 은신처 역할 실패

애착 박사가 함께하는 Q & A

Q. 태아의 성별을 알게 되었어요. 엄마가 알아야 할 성별에 따른 특징이 있나요?

A. 우리나라는 의사가 태아의 성을 임산부에게 고지하는 것은 법으로 금지되어 있습니다. 특정 성별에 대한 낙태를 막고 태아를 보호하기 위한 조치이지만 32주 이후부터는 고지가 가능합니다. 요즘은 특정 성별을 선호하는 부모가 현격히 줄었기 때문에 32주 이전이라도 간접적으로 알 수 있습니다.

임산부라면 누구나 태아가 아들인지 딸인지 궁금해 합니다. 그리고 앞으로 마주하게 될 아기가 어떤 성격일지도 궁금해 합니다. 태아의 성별은 수정과 동시에 결정됩니다. 그리고 결정된 성별에 따라 남성은 남자아이답게, 여성은 여자아이답게 자랄 수 있도록 두뇌와 신경계가 발달합니다. 드물기는 하지만 유전자의 특징과 환경의 영향에 따라 남성이지만 여자아이의 특징을 갖추기도 하고, 여성이지만 남자아이의 특징을 가지고 발달하기도 합니다.

신생아의 경우 남아와 여아의 신체적 조건은 차이가 있습니다. 남아의 경우 평균 키는 50.8cm이고 몸무게는 3.36kg인 반면에 여아는 키가 50cm이고 몸무게는 3.26kg입니다. 출생 시 몸무게는 이후의 지능 및 성취도와 관련이 있다는 점에서 중요합니다. 그리고 체중이 2.5kg 이하의 경우 저체중아로 분류되는데 정상적인 아기에 비해 이후 신체적, 정신적 발달이 느린 특징이 있습니다.

성별 차이는 심리적, 정서적인 면에서 더 큰 차이를 보입니다. 남아가 사물과 그 특징을 감지하는 능력이 우수한 반면 여아는 사람과 정서를 감지하는 능력이 뛰어납니다. 두뇌에서도 남아의 경우 사물과 그 움직임에 관여하는 공간활용에 대한 부위가 여아보다 발달하는 반면에, 여아는 관계와 정서에 활용되는 두뇌 부위의 발달과 함께 언어발달이 남아보다 더 빠르게 발달합니다.

놀이에서도 남아는 사물과 공간을 활용하는 자동차와 공구 같은 장난감을 선호하지만 여아는 관계와 정서를 다루는 인형을 선호합니다. 그러므로 아들과는 장난감으로 공간을 활용하는 놀이를 통해 협동, 배려, 공감과 같은 정서를 배울 수 있도록 돕는 것이 바람직하며 딸과는 가정놀이 또는 엄마와 음식을 함께 만들며 사물의 특징을 이해하도록 돕는 것이 좋습니다.

무엇보다 임신기와 신생아기는 성별과 관계없이 두뇌의 오감발달이 균형 있게 이루어지도록 돕는 것이 좋습니다. 이 책 Part 4에 나와 있는 태아와의 교감을 참조하여 실천하는 것은 임신기에 태아의 두뇌 발달을 돕습니다. 출산 이후에도 꾸준히 아기에게 이야기를 들려주고, 마사지를 통해 부모의 사랑을 전달하고, 아기가 울 때 공감해 주는 행동은 아기의 균형적인 두뇌 발달을 촉진합니다.

부록

나의 애착 유형 확인하기

다음 문장을 읽어보고 자신을 가장 잘 나타내는 번호에 표시하세요.

	문 항	전혀 아니다	비교적 아니다	약간 아니다	보통이다	약간 그렇다	비교적 그렇다	항상 그렇다
1	나는 모르는 사람과 일하면서 관계하는 것이 힘들다. 혼자 일하는 것이 좋다.	1	2	3	4	5	6	7
2	나는 어린 시절 서운하거나 불공평했던 일이 자주 생각난다.	1	2	3	4	5	6	7
3	나는 사람들이 내 생활이나 감정에 대해 물어보는 것이 싫다.	1	2	3	4	5	6	7
4	나는 종종 배우자가 정말 나를 사랑하는지 확인해야 마음이 편하다.	1	2	3	4	5	6	7
5	나는 평소 대화할 때 상대방을 이해하고 공감하는 것이 어렵지 않다.	1	2	3	4	5	6	7
6	나는 배우자를 사랑하고 의존하지만 신뢰하는 것이 어렵다.	1	2	3	4	5	6	7
7	나는 다른 사람들과 쉽게 친해지고 마음을 나눈다.	1	2	3	4	5	6	7
8	어린 시절 부모님은 항상 나에게 만족하지 않아 칭찬을 받으려면 더 열심히 해야 했다.	1	2	3	4	5	6	7
9	나는 도움이 필요할 때 사람들에게 도움을 요청하는 것이 어렵지 않다.	1	2	3	4	5	6	7
10	나는 갈등 상황에서 쉽게 감정에 압도되지 않고 쉽게 서운해 하지도 않는다.	1	2	3	4	5	6	7
11	스트레스를 받으면 다른 사람과의 관계를 통해 풀기 보다는 혼자 처리하는 경향이 강하다.	1	2	3	4	5	6	7
12	나는 혼자 있는 상황이나 거부당하는 것이 무섭고 싫다.	1	2	3	4	5	6	7

검사의 해석

1. 홀수 문항은 거부유형 문항이며 짝수 문항은 집착유형 문항입니다.
2. 자신이 표기한 답안의 숫자가 각 문항의 점수입니다.
3. 거부유형 문항 중 5, 7, 9번 문항과 집착유형 문항 중 10번 문항은 역 채점 문항이므로 거꾸로 계산합니다. (예를 들어, 1점→7점, 2점→6점, 3점→5점, 4점→4점, 5점→3점, 6점→2점, 7점→1점으로 바꾸어 대칭점수로 채점함.)
4. 역 채점 문항을 거꾸로 채점하여 환산한 후, 아래의 점수표에 자신의 점수를 기입합니다. 역 채점 문항 이외의 문항은 표기한 점수를 그대로 기입하며, 역 채점 문항은 반드시 대칭 점수로 환산된 점수를 기입합니다. 역 채점 문항은 (R)로 표시되어 있습니다.
5. 거부유형(홀수문항)과 집착유형(짝수문항)의 문항 점수를 각각 모두 합산하여 아래 표의 총점 란에 점수를 기입하고, 총점을 각각 6으로 나누어 유형별 평균을 구하여 평균 란에 기입합니다.

거부유형 (친밀감에 대한 거부)				집착유형 (친밀감에 대한 집착, 버림받음에 대한 불안)			
1		3		2		4	
5(R)		7(R)		6		8	
9(R)		11		10(R)		12	
회피 유형 총점				집착/몰두 유형 총점			
회피 유형 평균				집착/몰두 유형 평균			

6. 두 영역(거부, 집착)을 비교하여 홀수 문항의 평균점수가 높을수록 거부유형에 속하며 짝수 문항의 평균점수가 높을수록 집착유형에 속합니다. 점수가 둘 다 높을수록 두려움유형에 속하며, 둘 다 낮을수록 안정형에 속합니다. 평균점수는 아래 표를 참고하세요.

평균 점수	해 석
1.0~2.99	안정 유형에 속합니다.
3.0~3.99	안정 유형에 속하지만 불안정 유형의 특징이 다소 보입니다.
4.0~5.99	불안정 유형에 속합니다.
≥6.0	매우 강한 애착 불안정을 보입니다.

태아-산모 애착 척도

다음은 임산부와 태아와의 애착 관계를 측정하기 위한 질문입니다. 각 문항에 대해 자신의 반응을 잘 나타내고 있는 번호에 체크해 보세요.

	문항	전혀 아니다	아니다	보통이다	그렇다	매우 그렇다
1	나는 아기를 가진 것을 자랑스럽게 생각한다.	1	2	3	4	5
2	나는 임신 이후 과거에는 느끼지 못했던 모성애를 느낀다.	1	2	3	4	5
3	나는 뱃속에 있는 아기에게 무슨 일이 있을까 늘 걱정한다.	1	2	3	4	5
4	나는 뱃속의 태아 때문에 내 생활을 바꾸는 것이 싫다.	1	2	3	4	5
5	나는 아기의 태명을 부르며 태아와 자주 대화한다.	1	2	3	4	5
6	나는 좋은 엄마가 될 것이라는 기대감이 있다.	1	2	3	4	5
7	나는 아기를 가진 것이 너무 좋은데 어떻게 키울까 두려움도 크다.	1	2	3	4	5
8	나는 태아와 감정적으로 교감하는 것이 어렵다.	1	2	3	4	5
9	임신은 내가 원하는 바가 아니다.	1	2	3	4	5

10	나는 내가 먹고 싶은 것에 대해 태아에 미치는 영향은 종종 생각하지 않게 된다.	1	2	3	4	5
11	태아가 깜짝 놀라면 태아를 위해 즉시 말을 걸고 배를 만져주며 반응해 준다.	1	2	3	4	5
12	나는 태아를 위해 갈등상황에서 감정을 조절하려고 애쓴다.	1	2	3	4	5
13	나는 태아가 나를 닮지 않았으면 좋겠다.	1	2	3	4	5
14	나는 태아 중심으로 생각하고 행동한다.	1	2	3	4	5
15	나는 태동을 느끼면 태아에게 말을 걸거나 배를 만져주면서 소통한다.	1	2	3	4	5

검사의 해석

1. 문항 중 3, 4, 7, 8, 9, 10, 13번 문항은 역 채점 문항이므로 대칭점수로 계산합니다. (예를 들어, 1점→5점, 2점→4점, 3점→3점, 4점→2점, 5점→1점으로 바꾸어 자신이 체크한 점수의 대칭점수로 채점함.)
2. 모든 점수를 합산합니다. (합산할 때 역 채점 문항의 점수는 대칭점수로 환산된 점수를 사용해야 함.)
3. 점수의 범위는 15~75점이며 점수가 높을수록 태아와 산모의 애착이 안정적인 것을 의미합니다.

임신기 우울증 테스트

다음 문항을 읽고 최근 1주일 동안 느꼈던 감정과 가장 근접하게 설명한 보기에 표시하세요.

문항	문항
1. 나는 일상에서 일어나는 재미있는 일들이 눈에 들어오기도 하고 웃을 수도 있었다. □ 항상 그렇다 (0) □ 자주 그렇지는 않다 (1) □ 거의 아니다 (2) □ 전혀 아니다 (3)	**6. 일상사를 처리하는 것이 매우 힘들다.** □ 대부분 일에 처리하는데 곤란함을 느낀다 (3) □ 종종 일을 잘 처리하지 못한다 (2) □ 대부분의 일을 잘 처리한다 (1) □ 전처럼 모든 일을 잘 처리한다 (0)
2. 나는 주변 일에 낙관적이다. □ 늘 그렇다 (0) □ 전보다 좀 덜하다 (1) □ 거의 아니다 (2) □ 전혀 아니다 (3)	**7. 불면증으로 시달린다.** □ 거의 매일 밤 시달린다 (3) □ 자주 시달린다 (2) □ 가끔 그렇다 (1) □ 그런 적 없다 (0)
3: 일이 잘못되었을 때 이유 없이 자책한 적인 있다. □ 항상 그렇다 (3) □ 종종 그렇다 (2) □ 거의 없다 (1) □ 전혀 없다 (0)	**8. 슬프거나 비참한 기분이 들 때가 있다.** □ 늘 그렇다 (3) □ 자주 그렇다 (2) □ 거의 없다 (1) □ 전혀 없다 (0)
4. 특별한 이유 없이 불안하고 걱정될 때가 있다. □ 전혀 그런 적이 없다 (0) □ 거의 그런 적이 없다 (1) □ 가끔 있다 (2) □ 자주 그렇다 (3)	**9. 나는 울 정도로 우울한 적이 있다.** □ 항상 그렇다 (3) □ 자주 그렇다 (2) □ 가끔 그렇다 (1) □ 전혀 그런 적 없다 (0)
5. 정확한 이유 없이 두렵거나 미칠 듯이 무서울 때가 있다. □ 꽤 자주 그렇다 (3) □ 때때로 그렇다 (2) □ 거의 그런 적 없다 (1) □ 전혀 그런 적 없다 (0)	**10. 자해하고 싶은 생각이 들 때가 있다.** □ 꽤 자주 그렇다 (3) □ 가끔 그렇다 (2) □ 거의 없다 (1) □ 전혀 없다 (0)

검사의 해석

1. 각 문항에서 자신이 표기한 보기 옆에 제시된 점수를 합산하여 계산합니다. 보기에 제시된 점수 배열이 문항마다 차이가 있으므로 주의하여 계산합니다.
2. 아래 점수 기준표와 비교하여 자신의 우울지수를 확인합니다.

점수범위	해 석
0~9	정상 범위입니다.
10~12	비교적 우울증세가 강하여 상담이나 의료적 조치가 필요합니다.
≥13	매우 심각한 우울 수준입니다.

| 미주 |

1 Hoekzema, E. et. al. (2017). Pregnancy leads to long-lasting changes in human brain structure. Nature Neuroscience, 20(2), 287-296.

2 Ainsworth, M., Blehar, M., Waters, E., & Wall, S. (1978). Patterns of attachment: A psychological study of the Strange Situation. Hillsdale, NJ: Lawrence Erlbaum.

3 Vreeswijk, C. M. J. M., Maas, A. J. B. M., Rijk, C. H. A. M., & van Bakel, H. J. A. (2014). Fathers' experiences during pregnancy: Paternal prenatal attachment and representations of the fetus. Psychology of Men & Masculinity, 15(2), 129-137.

4 Weaver, R. H, & Cranley, M. S. (1983). An exploration of paternal-fetal attachment behavior. Nurs Res., 32(2):68-72.

5 Slade, A., Cohen, L. J., Sadler, L. S., & Miller, M. (2009). The psychology and psychopatholgoy of pregnancy: Reorganization and transformation. In Zeanah, C. H. Jr.(Ed.), Handbook of infant mental health(3rd) (pp. 22-39). New York: The Guilford Press.

6 Fox, E. & Booth, C. (2015). The heritability and genetics of optimism, spirituality, and meaning in life. In Pluess, M.(Ed.), Genetics of psychological well-being: The role of heritabilityu and genetics in positive psychology(pp. 132-145). New York: Oxford University Press.

7 Boisvert, D. & Vaske, J. (2011). Genes, twein studies, and antisocial behavior. In Peterson, S. A. & Somit, A. (Eds.), Biology and politics: The cutting edge (pp. 159-186). United Kingdom: Emerald Group Publishing Limited.

8 Fox, E. & Booth, C. (2015). The heritability and genetics of optimism, spirituality, and meaning in life. In Pluess, M.(Ed.), Genetics of psychological well-being: The role of heritabilityu and genetics in positive psychology(pp. 132-145). New York: Oxford University Press.

9 Wallin, D. J. (2007). Attachment in psychotherapy. New York: The Guilford Press.

10 Wallin, D. J. (2007). Attachment in psychotherapy. New York: The Guilford Press.

11 Malary, M., Shahhosseini, Z., Pourashgar, M., Hamzehgardeshi, Z. (2015). Couples communication skills and anxiety of pregnancy: A narrative review. Mater Sociomed 27(4), 286-290.

12 Hellemans, K. G. C., Verma, P., Yoon, E., Yu, W. & Weinberg, J. (2008). Prenatal alcohol exposure increases vulnerability to stress and anxiety-like disorders in adulthood. Ann N Y Acad Sci., 1144, 154-175.

13 Shah, T., Sullivan, K., & Carter, J. (2006). Sudden infant death syndrome and reported maternal smoking during pregnancy. American Journal of Public Health, 96(10), 1757-1759.

14 Mojibyan, M., Karimi, M., Bidaki, R., Rafiee, P., & Zare, A. (2013). Exposure to second-hand smoke during pregnancy and preterm delivery. International Journal of High Behaviors & Addiction, 1(4), 149-153.

15 Fergusson D. M., Woodward L. J, & Horwood L. J. (1998). Maternal smoking during pregnancy and psychiatric adjustment in late adolescence. Arch Gen Psychiatry, 55(8), 721-727.

16 Kundakovic, M. (2013). Prenatal programming of psychopathology: The role of epigenetic mechanisms. Journal of Medical Biochemistry, 32, 313-324.

17 정동섭 (2016) 행복의 심리학. 서울: 학지사

18 정동섭 (2016) 행복의 심리학. 서울: 학지사

19 Eagleson, C., Hayes, S., Mathews, A., Perman, G., & Hirsch, C. R.(2016). The power of positive thinking: Pathological worry is reduced by thought replacement in Generalized Anxiety Disorder. Behaviour Research and Therapy, 78, 13-18.

20 Bowlby, J. (1969/1982). Attachment and loss: Vol. 1. Attachment (2nded.). NewYork: BasicBooks.

21 Orwell, G. (1949). Nineteen eighty-four. New York: Harcourt Brace and Company.

22 누가복음 2장

23 Fonagy, P., Gergely, G., Jurist, E., & Target, M. (2002). Affect regulation, mentalization, and the development of the self. New York: Other Press.

24 Jenkins, J. K. (2016). The relationship between resilience, attachment, and emotional coping styles. Unpublished master's thesis, Old Dominion University.

25 Pishva, N. & Besharat, M. A. (2011). Relationship attachment styles with positive and negative perfectionism, Procedia – Social and Behavioral Science, 30, 402-406.

26 Chen, C., Hewitt, P. L., & Flett, G. L. (2014). Preoccupied attachment, need to belong, shame, and interpersonal perfectionism: An investigation of the perfectionism social disconnection model. Personality and Individual Differences, 76, 177-182.

27 Walsh, J., Hepper, E. G., & Marshall, B. J. (2014). Investigating attachment, caregiving, and mental health: A model of maternal-fetal relationships. BMC Pregnany & Childbirth, 14, 383.

28 Denis, A., Ponsin, M. & Callahan. S. (2011). The relationship between maternal self-esteem, maternal competence, infant temperament and post-partum blues. Journal of Reproductive and Infant Psychology, 30(4), 388-397

29 Yarcheski, A., Mahon, N. E., Yarcheski, T. J., Hanks, M. M., & Cannella, B. L. (2009). A meta-analytic study of predictors of maternal-fetal attachment. International Journal of Nursing Studies, 46, 708-715.

30 Twilhaar, E. S., Wade, R. M., de Kieviet, J. F., et. al. (2018). Cognitive outcomes of children born extremely or very preterm since the 1990s and associated risk factors: A meta-analysis and meta-regression. JAMA Pediatrics, 172(4), 361-167.
신영희 (2003). 한국 미숙아 관리의 현황과 전망. 아동간호학회지, 9(1), 96-106.

31 Lawrence, E., Cobb, R. J., Rothman, A. D., Rothman, M. T., & Bradbury, T. N. (2008). Marital satisfaction across the transition to parenthood. Joural of Family Psychology, 22(1), 41-50.

32 Woo, K., Jee, Y., & Kim, B. (2015). Influence factors of maternal fetal attachment on preparing for childbirth classes. Asia-pacific Journal of Multimedia Services Convergent with Art, Humanities, and Sociology, 5(2), 81-88.

33 Hepper, P. G. (1996). Fetal memory: does it exist? What does it do? Acta Paediatrica Suppl., 416, 16-20.

34 Springen, Karen. (2010). Recall in Utero. Scientific American Mind. 21.10.1038/scientificamericanmind0110-15a.

35 Kim, J. (2014). The Efficacy of Christian devotional meditation on stress, anxiety, depression, and spiritual health with Korean adults in the United States: A randomized comparative study. Unpublished doctoral dissertation, Liberty University.

36 송영숙 (2016). 우울증에 대한 불교심리학적 이해와 명상의 치유기능. 한국선학회, 45, 199-277.

37 Koelsch, S.1., Wiebigke, C., Siebel, W.A., & Stepan, H. (2009). Impulsive aggressiveness of pregnant women affects the development of the fetal heart. International Journal of Psychophysiology, 74(3), 243-249.

38 Field, T.1., Diego, M., Hernandez-Rief, M., Salman, F., Schanberg, S., Kuhn, C., Yando, R., & Bendell, D. (2002). Prenatal anger effects on the fetus and neonate. Journal of Obstetric Gynaecology, 22(3), 260-266.

39 Fadzil, A. et. al., (2013). Risk factors for depression and anxiety among pregnant women in hospital Tuanku Bainun, Iqoh, Malaysia. Asia-Pacific Psychiatry, 5(51), 7-13.

40 김수진. (2012). 음악을 통한 복식호흡이 조기진통 임부의 불안과 긴장이완에 미치는 여향. 숙명여자대학교 음악치료대학원 석사학위논문.

41 Jennings, T. R. (2013). The God-shaped brain. Downers Grove: InterVarsity Press.

42 Namouz-Haddad, S., & Nulman, I. (2014). Safety of treatment of obsessive compulsive disorder in pregnancy and puerperium. Canadian Family Physician, 60, 133-136.

43 Doron, G. 1., Moulding, R., Nedeljkovic, M., Kyrios, M., Mikulincer, M., & Sar-El, D. (2012). Adult attachment insecurities are associated with obsessive compulsive disorder. Psychol Psychother., 85(2), 163-178.

44 Rezvan, S. et. al. (2012). Attachment insecurity as a predictor of obsessive–compulsive symptoms in female children. Counseling Psychology Quarterly, 25(4), 403-415.

45 디크 스왑 (2010). 우리는 우리 뇌다. 신순림 역. 열린책들.

46 Wilson, C. L. & Simpson, J. A. (2016). Childbirth pain, attachment orientations, and romantic partner support during labor and delivery. HHS Public Access, 23(4), 622-644.

47 Costa-Martins, J. M., Pereira, M., Martins, H., Moura-Ramos, M., Coelho, R., & Tavares, J. (2014). The role of maternal attachment in the experience of labor pain: a prospective study. Psychosom Med., 76(3), 221-228.

| 참고문헌 |

- 김수진. (2012). 음악을 통한 복식호흡이 조기진통 임부의 불안과 긴장이완에 미치는 여향. 숙명여자대학교 음악치료대학원 석사학위논문.
- 다니엘 G. 에이멘 (2012) 그것은 뇌다. 안한숙 역. 서울: 브레인월드.
- 디크 스왑 (2010). 우리는 우리 뇌다. 신순림 역. 열린책들.
- 리즈 엘리엇 (2004) 우리 아이 머리에선 무슨 일이 일어나고 있을까? 안승철 역. 경기: 궁리
- 리처드 C. 프랜시스 (2014) 쉽게 쓴 후성유전학. 김명남 역. 서울: 시공사.
- 사주당 (1800) 『태교신기』. 최희석 편저(2014). 경기: 예담북스.
- 스테펜 K. 리드 (2011) 인지심리학. 박권생 역. 서울: 센게이지러닝코리아
- 에드문드 J. 번 (2010) 불안, 공황장애와 공포증 상담 워크북. 김동일 역. 서울: 학지사.
- 이종건 (2017) 산전 산후관리. 서울: 여문각.
- 정동섭 (2016) 행복의 심리학. 서울: 학지사
- 조지프 르두 (2005) 시냅스와 자아. 경기: 동녘사이언스
- 존 가트맨, 최성애, 조벽 (2011) 내 아이를 위한 감정코칭. 서울: 한국경제신문사.
- 최성애, 조벽 (2018) 정서적 흙수저와 정서적 금수저. 서울: 해냄출판사
- 칩 잉그램, 베카 존슨 (2011) 분노 컨트롤. 윤종석 역. 서울: 도서출판 디모데.
- 티머시 R. 제닝스 (2015) 뇌, 하나님 설계의 비밀. 윤종석 역. 서울: 도서출판 CUP.
- 팀 클린튼, 조슈아 스트라웁 (2011) 관계의 하나님. 오현미 역. 서울: 두란노.
- 퍼펙트 베이비 제작팀(EBS) (2013) 퍼펙트 배이비 서울: 미래앤
- 페터 슈포르크 (2013) 인간은 유전자를 어떻게 조종할 수 있을까: 후성유전학이 바꾸는 우리의 삶 그리고 미래. 유영미 역. 경기: 갈매나무.

- Abramowitz, J. S., Schwartz, S. A., Moore, K. M., & Luenzmann, K. R. (2002). Obsessive-compulsive symptoms in pregnancy and the puerperium: A review of the literature. Journal of Anxiety Disorders, 17, 461-478.
- Ainsworth, M. D. S. (1970). Attachment, exploration, and separation: Illustrated by the behavior of one-year-olds in a strange situation. Child Development, 41, 49-67.
- Ainsworth, M. D. S. (1985). Patterns of attachment. Clinical Psychologist, 38, 27-29.
- Ainsworth, M., Blehar, M., Waters, E., & Wall, S. (1978). Patterns of attachment: A psychological study of the Strange Situation. Hillsdale, NJ: Lawrence Erlbaum.
- Anderson, S. M., Chen, S., & Miranda, R. (2002). Significant others and the self. Self and Identity, 1, 159-168.
- Axford, K. M. (2007). Attachment, affect regulation, and resilience in undergraduate students. Unpublished doctoral dissertation, Walden University.
- Ayers, S., Jessop, D., Pike, A., Parfitt, Y., & Ford, E. (2014). The role of adult attachment style, birth intervention and support in posttraumatic stress after childbirth: a prospective study. J Affect Disord., 155, 295-298.
- Bartholomew, K. (1990). Avoidance of intimacy: An attachment perspective. Journal of Social and Personal Relationships, 7, 147-178.
- Belsky, J. (2002). Developmental origins of attachment styles. Attachment & Human Development, 4(2), 166-170.
- Bifulco, A. et. al. (2004). Maternal attachment style and depression associated with childbirth: preliminary results from a European and US cross-cultural study. Br J Psychiatry Suppl., 46, 31-37.
- Blatt, S. J. (1995). The destructiveness of perfectionism: Implications for the treatment of depression. American Psychologist, 50(12), 1003-1020.
- Boisvert, D. & Vaske, J. (2011). Genes, twein studies, and antisocial behavior. In Peterson, S. A. & Somit, A. (Eds.), Biology and politics: The cutting edge (pp. 159-186). United Kingdom: Emerald Group Publishing Limited.
- Bowlby, J. (1969/1982). Attachment and loss: Vol. 1. Attachment (2nded.). NewYork: BasicBooks.
- Bowlby, J. (1988). A secure base: Parent-child attachment and healthy human development. New York: Basic Books.
- Champange, F. A. (2009). Epigenetic influence of social experiences across the lifespan. Developmental Psychobiology, doi: 10.1002/dev.20436

- Chen, C., Hewitt, P. L., & Flett, G. L. (2014). Preoccupied attachment, need to belong, shame, and interpersonal perfectionism: An investigation of the perfectionism social disconnection model. Personality and Individual Differences, 76, 177-182.
- Clinton, T., & Sibcy, G. (2002). Attachment: why you love, feel, and act the way you do. Brentwood, TN: Integrity Publishers.
- Costa-Martins, J. M., Pereira, M., Martins, H., Moura-Ramos, M., Coelho, R., & Tavares, J. (2014). The role of maternal attachment in the experience of labor pain: a prospective study. Psychosom Med., 76(3), 221-228.
- Cozolino, L. (2006). The neuroscience of human relationships. New York: W. W. Norton & Company.
- Crowell, J., & Waters, E. (2006). Attachment representations, secure-base behavior, and the evolution of adult relationships: The Stony Brook adult relationship project. In K. E. Grossmann, K. Grossmann, & E. Waters (Eds.), Attachment from infancy to adulthood: The major longitudinal studies (pp. 223-244). New York: The Guilford Press.
- Doron, G. 1., Moulding, R., Nedeljkovic, M., Kyrios, M., Mikulincer, M., & Sar-El, D. (2012). Adult attachment insecurities are associated with obsessive compulsive disorder. Psychol Psychother., 85(2), 163-178.
- Eagleson, C., Hayes, S., Mathews, A., Perman, G., & Hirsch, C. R. (2016). The power of positive thinking: Pathological worry is reduced by thought replacement in Generalized Anxiety Disorder. Behaviour Research and Therapy, 78, 13-18.
- Edler, J., Fink, N., Bitzer, J., Hösli, I., & Holzgreve, W. (2007). Depression and anxiety during pregnancy: a risk factor for obstetric, fetal and neonatal outcome? A critical review of the literature. J Matern Fetal Neonatal Med., 20(3), 189-209.
- Fadzil, A. et. al., (2013). Risk factors for depression and anxiety among pregnant women in hospital Tuanku Bainun, Iqoh, Malaysia. Asia-Pacific Psychiatry, 5(51), 7-13.
- Fergusson D. M., Woodward L. J, & Horwood L. J. (1998). Maternal smoking during pregnancy and psychiatric adjustment in late adolescence. Arch Gen Psychiatry, 55(8), 721-727.
- Field, T., Diego, M., Hernandez-Rief, M., Salman, F., Schanberg, S., Kuhn, C., Yando, R., & Bendell, D. (2002). Prenatal anger effects on the fetus and neonate. Journal of Obstetric Gynaecology, 22(3), 260-266.
- Fonagy, P., Gergely, G., Jurist, E., & Target, M. (2002). Affect regulation, mentalization, and the development of the self. New York: Other Press.

- Fonagy, p., Steele, M., Steele, H., Moran, G. S., & Higgitt, A. C. (1991). The capacity for understanding mental states: The reflective self in parent and child and its significance for security of attachment. Infant Mental Health Journal, 12(3), 201-218.
- Fox, E. & Booth, C. (2015). The heritability and genetics of optimism, spirituality, and meaning in life. In Pluess, M.(Ed.), Genetics of psychological well-being: The role of heritabilityu and genetics in positive psychology(pp. 132-145). New York: Oxford University Press.
- Gervai, J. (2009). Environmental and genetic influences on early attachment. Child and Adolescent Psychiatry and Mental Health, 3:25 doi:10.1186/1753-2000-3-25
- Hellemans, K. G. C., Verma, P., Yoon, E., Yu, W. & Weinberg, J. (2008). Prenatal alcohol exposure increases vulnerability to stress and anxiety-like disorders in adulthood. Ann N Y Acad Sci., 1144, 154-175.
- Hepper, P. G. (1996). Fetal memory: does it exist? What does it do? Acta Paediatrica Suppl., 416, 16-20.
- Hoekzema, E. et. al. (2017). Pregnancy leads to long-lasting changes in human brain structure. Nature Neuroscience, 20(2), 287-296.
- Ingram, R. E., Miranda, J., & Segal, Z. V. (1998). Cognitive vulnerability to depression. New York: The Guilford Press.
- Jenkins, J. K. (2016). The relationship between resilience, attachment, and emotional coping styles. Unpublished master's thesis, Old Dominion University.
- Kim, J. (2014). The Efficacy of Christian devotional meditation on stress, anxiety, depression, and spiritual health with Korean adults in the United States: A randomized comparative study. Unpublished doctoral dissertation, Liberty University.
- Koelsch, S.1., Wiebigke, C., Siebel, W.A., & Stepan, H. (2009). Impulsive aggressiveness of pregnant women affects the development of the fetal heart. International Journal of Psychophysiology, 74(3), 243-249.
- Kumar, P., Magon, N. (2012). Hormones in pregnancy. Nigerian Medical Journal, 53(4), 179-183.
- Kundakovic, M. (2013). Prenatal programming of psychopathology: The role of epigenetic mechanisms. Journal of Medical Biochemistry, 32, 313-324.
- Liese, B. S. (1994). "Brief therapy, crisis intervention and the cognitive therapy for substance abuse," Crisis Intervention, 1, 11-29
- Lieberman, M. D. (2007). Social cognitive neuroscience: A review of core processes. Annual Review of Psychology, 58, 259-289.

- Main, M., & Solomon, J. (1990). Procedures for identifying infants as disorganized/disoriented during the Ainsworth Strange Situation. In M. Greenberg, D. Cicchetti, & E. M. Cummings (Eds.), Attachment in the preschool years: Theory, research, and intervention (pp. 121-160). Chicago: University of Chicago Press.
- Malary, M., Shahhosseini, Z., Pourashgar, M., Hamzehgardeshi, Z. (2015). Couples communication skills and anxiety of pregnancy: A narrative review. Mater Sociomed 27(4), 286-290.
- Martini, J., Knappe, S., Beesdo-Baum, K., Lieb, R., & Wittchen, H. U. (2010). Anxiety disorders before birth and self-perceived distress during pregnancy: associations with maternal depression and obstetric, neonatal and early childhood outcomes. Early Hum Dev., 86(5), 305-310.
- Mojibyan, M., Karimi, M., Bidaki, R., Rafiee, P., & Zare, A. (2013). Exposure to second-hand smoke during pregnancy and preterm delivery. International Journal of High Behaviors & Addiction, 1(4), 149-153.
- Monk, C., Spicer, J., & Champagne, F. A. (2012). Linking prenatal maternal adversity to developmental outcomes in infants: The role of epigenetic pathways. Development and Psychopathology, 24, 1361-1376.
- Namouz-Haddad, S., & Nulman, I. (2014). Safety of treatment of obsessive compulsive disorder in pregnancy and puerperium. Canadian Family Physician, 60, 133-136.
- Notzon, S. et. al. (2016). Attachment style and oxytocin receptor gene variation interact in influencing social anxiety. The World Journal of Biological Psychiatry, 17(1)
- Ornoy, A., & Ergaz, Z. (2010). Alcohol abuse in pregnant women: Effects on the fetus and newborn, mode of action and maternal treatment. International Journal of Environmental Research and Public Health, 7, 364-379.
- Orwell, G. (1949). Nineteen eighty-four. New York: Harcourt Brace and Company.
- Pishva, N. & Besharat, M. A. (2011). Relationship attachment styles with positive and negative perfectionism, Procedia – Social and Behavioral Science, 30, 402-406.
- Rezvan, S. et. al. (2012). Attachment insecurity as a predictor of obsessive–compulsive symptoms in female children. Counseling Psychology Quarterly, 25(4), 403-415.
- Schneiderman, I., Zagoory-Sharon, O., Leckman, J. F., & Feldman, R. (2012). Oxytocin during the initial stages of romantic attachment: Relations to couples' interactive reciprocity. Psychoneuroendocrinology, 37(8), 1277-1285.
- Schore, A. N. (2003). Affect dysregulation and disorders of the self. New York: Norton.

- Shah, T., Sullivan, K., & Carter, J. (2006). Sudden infant death syndrome and reported maternal smoking during pregnancy. American Journal of Public Health, 96(10), 1757-1759.
- Siegel, D. J. (2001). Toward an interpersonal neurobiology of the developing mind: Attachment relationships, "mind sight," and neural integration. Infant Mental Health Journal, 22(1-2), 67-94.
- Slade, A., Cohen, L. J., Sadler, L. S., & Miller, M. (2009). The psychology and psychopatholgoy of pregnancy: Reorganization and transformation. In Zeanah, C. H. Jr.(Ed.), Handbook of infant mental health(3rd) (pp. 22-39). New York: The Guilford Press.
- Springen, Karen. (2010). Recall in Utero. Scientific American Mind. 21. 10.1038/scientific american mind 0110-15a.
- Van Broekhoven, K., Hartman, E., 네다, V., van Son, M., Karreman, A. & Pop, V. (2016). The pregnancy Obsession-compulsion-personality disorder symptom checklist. J Psychol Psychother, 6: 233. doi: 10.4172/2161-0487.1000233
- Vreeswijk, C. M. J. M., Maas, A. J. B. M., Rijk, C. H. A. M., & van Bakel, H. J. A. (2014). Fathers' experiences during pregnancy: Paternal prenatal attachment and representations of the fetus. Psychology of Men & Masculinity, 15(2), 129-137.
- Wallin, D. J. (2007). Attachment in psychotherapy. New York: The Guilford Press.
- Walsh, J., Hepper, E. G., & Marshall, B. J. (2014). Investigating attachment, caregiving, and mental health: A model of maternal-fetal relationships. BMC Pregnany & Childbirth, 14, 383.
- Waters, E., & Cummings, E. M. (2000). A secure base from which to explore close relationships. Child Development, 71(1), 164-172.
- Weaver, R. H, & Cranley, M. S. (1983). An exploration of paternal-fetal attachment behavior. Nurs Res., 32(2):68-72.
- Wilson, C. L. & Simpson, J. A. (2016). Childbirth pain, attachment orientations, and romantic partner support during labor and delivery. HHS Public Access, 23(4), 622-644.

CounMate Parenting Upgrade CPU 유중근 박사의 CPU 온라인 프로그램

임산부 애착코칭

임산부를 위한 '애착' 중심의 임신기 코칭 프로그램으로 임신기 40주 동안 애착 주제에 맞추어 임산부의 정서와 인지 그리고 필요한 활동을 시기별로 코칭합니다. 일반적으로 태교는 아기를 위한 임신기의 교육으로 인식되어 있어 산모보다는 태아를 위한 교육과 활동으로 이루어져 있지만 진정한 태교는 임산부의 심리적 안정감 형성을 위한 교육과 활동으로 이루어져야 합니다.

임산부는 태아의 안정된 발달과 직접적 영향을 주고받는다는 사실에 미루어 볼 때 산모의 심리적 영향은 태아의 안정된 발달과 깊은 연관성을 가지고 있습니다. 임산부 애착코칭 프로그램은 임산부의 안정애착 형성을 도울 뿐만 아니라 태아의 발달에 맞추어 임산부에게 필요한 코칭을 제공하여 보다 과학적이고 태아 중심적인 태교 코칭을 경험하도록 돕습니다.

- 임산부 우울증 및 정서불균형 예방 및 조절을 위한 코칭
- 임산부의 안정애착 마음준비를 위한 모니터링 및 분석
- 시간과 장소에 자유로운 온라인 코칭 시스템 활용
- 매주 임산부를 위한 주간 분석 및 온라인 코칭

※ 신청 문의: www.counmate.net / parentingupgrade@gmail.com

베이비 MOM 애착코칭

엄마의 자궁에서 모든 것을 엄마와의 연결을 통해 공급받던 아기는 출산과 동시에 모든 것을 스스로 해결해야 하는 삶의 변화를 겪게 됩니다. 그렇기에 엄마 뱃속에서부터 모든 것이 엄마에게 익숙한 아기가 출산 후 엄마와 애착을 형성하려는 강한 본능을 가지는 것은 매우 자연스러운 일입니다.

애착이론의 창시자인 존 보울비는 생후 2년 6개월에서 3년까지의 생활이 아기의 평생을 좌우한다고 설명합니다. 특히 그 기간 중 생후 12개월은 애착 형성의 핵심 기간이라고 할 수 있습니다.

베이비 mom 애착코칭은 출생 이후 1년까지의 52주 동안 매주 엄마와 아기와의 관계를 점검하며 아울러 엄마의 심리적 안정을 위한 육아코칭입니다. 온라인으로 진행되어 언제 어디서든 프로그램을 이용하며 진행할 수 있습니다.

- 엄마(주양육자)와 아기의 안정애착 형성을 위한 코칭
- 엄마(주양육자)의 마음관리 및 아기와의 생활 모니터링 및 분석
- 시간과 장소에 자유로운 온라인 코칭 시스템 활용
- 매주 엄마(주양육자)를 위한 주간 분석 및 심리 코칭

※ 신청 문의: www.counmate.net / parentingupgrade@gmail.com